Arnaldo Jasinski

O DNA da Manutenção

Saiba o que fazer para atingir suas metas e entregar valor através da manutenção estratégica e focada de seus ativos.

EDITORA CIÊNCIA MODERNA

O DNA da Manutenção

Editor: Paulo André P. Marques
Produção Editorial: Dilene Sandes Pessanha
Capa: Daniel Jara
Diagramação: Daniel Jara
Copidesque: Equipe Ciência Moderna

FICHA CATALOGRÁFICA

JASINSKI, Arnaldo.

O DNA da Manutenção

Rio de Janeiro: Editora Ciência Moderna Ltda., 2021.

1. Engenharia mecânica e de materiais
I — Título

ISBN: 978-65-5842-047-7 CDD 620.1

Editora Ciência Moderna Ltda.
R. Alice Figueiredo, 46 – Riachuelo
Rio de Janeiro, RJ – Brasil CEP: 20.950-150
Tel: (21) 2201-6662/ Fax: (21) 2201-6896
E-MAIL: LCM@LCM.COM.BR
WWW.LCM.COM.BR **04/21**

"Caso uma quebra ocorra você tem a
obrigação de analisar e definir as ações
de tal forma que a quebra com este
modo de falha nunca mais aconteça
na sua máquina."

O Autor

Prefácio

Sempre tive a curiosidade de aprender todos os dias algo novo ao longo de minha carreira profissional e sempre me considerei um pouco autodidata. Não porque sou um gênio e não preciso de ajuda para aprender, mas porque tenho o meu método de aprendizado e prefiro digerir os assuntos ao meu modo com muita pesquisa, leitura e aprofundamento. Ao longo dos meus mais de 30 anos de carreira profissional em indústria de grande porte do ramo de papel e celulose pude vivenciar muitos momentos de mudanças drásticas e culturais das formas de gestão de indústria e de manutenção e isto exigiu de mim uma alta capacidade de adaptação. Ao longo destes mais de 30 anos de profissão atuei na área de engenharia, planejamento de manutenção, coordenação de manutenção e gerência de manutenção de uma fábrica de grande porte; então me considero apto a dividir minhas experiências e aprendizados. Vi ao longo de minha vida profissional muitas teorias de melhoria contínua, gestão de ativos, gestão de custos e gestão de pessoas e sempre fiquei me perguntando o que devo seguir como o meu guia de bolso na gestão de manutenção de uma empresa como a que atuo. Nunca cheguei a uma conclusão definitiva já que todos os dias nos apresentam algo novo e que, sim, pode nos ajudar na solução de alguns dos problemas que o gestor enfrenta no dia a dia. Então resolvi me inspirar e transpirar para compor a teoria aqui apresentada. A proposta deste livro é apresentar um modelo de gestão de manutenção que seja o mais atualizado possível e que não se prenda a um único modelo, mas que aborde o que considero os melhores do mercado, associando ao uso prático destas metodologias e propostas existentes a fim de garantir o resultado sem que seja necessário um grande projeto para a implantação de tal prática. Então procurei neste livro colocar aquilo que considero essencial para a boa gestão da manutenção. Sem enrolação e de forma prática, simples, direta e objetiva. Formulei uma estrutura de gestão que embasa as principais e essenciais áreas de gestão de manutenção e discorri neste livro, que intitulei o DNA da Manutenção, ou seja, aquilo que está no sangue, na pele, no corpo no organismo; logo na Organização (empresa). Aqui você vai encontrar o método de direcionar a sua gestão de manutenção com base nos melhores métodos e teorias que existem e de forma bem direta e simples. Espero que você possa utilizar este livro para organizar os seus pensamentos sobre gestão de manutenção e que possa lhe ser útil e prático e que faça parte de seu DNA; como já faz parte do meu.

Agradecimentos

Quando decidi finalmente publicar esta obra nem imaginava que deveria por boa prática dividir o material com algumas pessoas que poderiam fazer uma análise crítica do material com outro olhar. Com esta necessidade colocada pela editora parei para pensar em quais pessoas seriam estas. Não poderiam ser outras pessoas além das que colaboraram com este conteúdo. Pessoa como Rodrigo da Silva Antunes especialista em gestão de custos que pôde fazer uma análise mais apurada e contribuir com seu olhar sobre o tema exposto neste livro deixando tudo mais simples e fácil. Aliás este sujeito tem a naturalidade de tornar os números financeiros simples e aplicados. O que quero dizer com isto, é que as pessoas das fianças em geral estão longe da prática nas empresas dificultando o entendimento das pessoas sobre os números e deixando tudo mais complexo a todos, mas com o Rodrigão é tudo diferente já que ele pode tornar este mundo das finanças de fácil entendimento aos técnicos e engenheiros que atuam nas áreas operacionais da empresa. Outro contribuidor que se prontificou em analisar este conteúdo foi o Luis Ortolan Netto. Conhecido por todos como Ortolan. Este profissional domina os roteiros de Melhoria Contínua e através de treinamentos e projetos de redução de perdas pode desenvolver pessoas e processos trazendo muitos resultados para as empresas por onde passou.

Obrigado ao Rodrigo e Ortolan por dedicar uma parte de seu tempo e de seu conhecimento por esta obra. Sempre pensei em deixar um legado para a sociedade, para a indústria e para a manutenção na minha carreira. Há alguns anos jamais passou pelo minha cabeça escrever um livro, mas evoluímos, mudamos para melhor todos os dias de nossas vidas e aqui está a obra concluída fazendo parte do meu legado.

Sumário

Capítulo 1

Introdução

Quando pensamos que a manutenção deixou de ser um mal necessário, e isto já ocorreu há muito tempo no Brasil, não nos atentamos que a função da manutenção passou; ou deveria ter passado; de uma cultura reativa para uma cultura proativa.

As empresas que ainda não perceberam que a manutenção é o diferencial entre atingir os objetivos estabelecidos para as organizações estão fadadas a ter a sua competitividade comprometida e ver o mercado em que atuam ser tomado por empresas que já estão neste patamar.

Falam-se sempre em manutenção classe mundial; manutenção centrada em confiabilidade e gestão de ativos e tantos outros termos que são trazidos como modelo de trabalho para a manutenção nas empresas. Mas afinal, como isto acontece na prática? Como atuar em confiabilidade? Quais são os objetivos da manutenção classe mundial e a forma de atingirmos tal patamar?

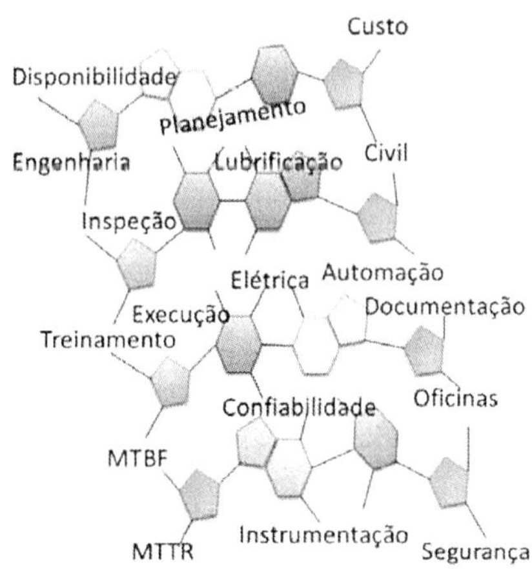

Em algumas empresas ouvimos o termo TPM. Quando questionamos como é o trabalho de manutenção com o TPM implantado surgem várias dúvidas e nos perguntamos; mas este é o modelo de atuação na manutenção com TPM implantado? Não há um entendimento de como aplicar de forma simples e objetiva tal metodologia em manutenção. A interpretação do método é superficial e não aplicada de forma a trazer resultados concretos.

Neste livro faço uma comparação das áreas da manutenção com uma cadeia de DNA. Afinal qual o motivo de comparar o DNA ao método de trabalho de uma equipe de manutenção? A explicação é simples: se o conjunto não executar cada um a sua função o corpo não sobrevive. O corpo é a manutenção e operação como um todo, entregando o resultado esperado para a organização. Cada parte do DNA é uma equipe, por menor que seja; fazendo o seu papel como especificado e entregando o resultado esperado. As equipes precisam estar entrosadas e engrenadas em prol do objetivo maior que é o resultado global da organização.

Cada equipe deve estar firmemente ligada com os objetivos da manutenção, assim como no DNA. As entregas devem ser rigorosamente cumpridas, caso contrário não atingirá o resultado final. Cada área tem uma função assim como no DNA existe adenina, citosina, guanina e a timina na manutenção existem as áreas que se interligam com demandas e entregas que se fazem necessárias para a composição do resultado final.

Será que a cadeia do DNA de sua empresa é desta forma? Estaria cada área entregando o que lhe foi definido como objetivo? Não deve haver limitações de interações entre as áreas e suas funções. Todos precisam cumprir rigorosamente o que foi determinado como objetivo, caso contrário a cadeia entrará em colapso e o resultado será afetado.

Capítulo 2

A Manutenção

Há muito tempo a manutenção tem sido considerada estratégica para as organizações e tratada de forma a gerar resultados para os negócios. Diante disto o gestor de manutenção não tem mais a opção de apenas tratar das rotinas básicas de manutenção e não pensar de forma ampla e estratégica na gestão do negócio manutenção. É necessário tratar a área de manutenção como um negócio, isoladamente das demais áreas da empresa, para que desta forma o resultado esperado deste negócio se faça presente na organização. Para isto, o gestor de manutenção precisa conhecer e aplicar os conceitos de gestão estratégica e de planejamento estratégico[1] no negócio. Definir a visão de futuro e os objetivos a serem alcançados é de fundamental importância para que a manutenção gere resultados para a organização.

O alinhamento da estratégia e a definição da Visão, Missão, Valores e Propósito da área de manutenção tem o objetivo de orientar a organização na direção dos resultados que precisam ser alcançados. Através desta declaração pode-se construir resultado, envolvendo e alinhando todas as áreas com o objetivo da obtenção dos resultados esperados pela organização.

Veja este exemplo de declaração de uma empresa de grande porte do ramo de Papel e Celulose que pode lhe inspirar no pensar sobre a sua área de atuação ou de seu negócio:

Visão: Ser manutenção classe mundial na gestão de ativos e pessoas.

Missão: Garantir a disponibilidade e a confiabilidade dos ativos com segurança, qualidade e custos adequados, desenvolvendo competências nos profissionais da manutenção.

Valores: Segurança, Engajamento e comprometimento, Disciplina operacional e Eficiência operacional.

---

[1] Metodologia idealizada por Kaplan e Norton (professores de Harvard) e declarada no livro A Estratégia em Ação – BSC – Balanced Scorecard

Propósito: Entregar resultados através da máxima performance dos ativos.

A metodologia tradicional de manutenção não serve mais para atender aos objetivos das empresas modernas e isto precisa ser avaliado pelos gestores de manutenção que têm a missão de atuar de forma consistente e atualizada para gerar resultados às organizações. Desta forma é necessário buscar o mais moderno modelo de gestão para que seja possível obter o resultado esperado.

Portanto, aplique os conceitos de planejamento estratégico na sua gestão e você verá a diferença que isto vai fazer nos resultados.

Declare a Visão, Missão, Valores e Propósito. Não é uma tarefa simples. Escrever e colar nas paredes os quadros com estas frases bonitas não traz resultado. É necessário que seja feita uma campanha massiva de divulgação e de internalização destas declarações para que todos tenham isto correndo nas veias. Todos no seu dia a dia precisam estar atuando com isto em mente. O resultado deste trabalho precisa ser uma nova consciência de todos na realização de seu trabalho, caso contrário, o resultado não acontecerá. Então busque formas de divulgar de maneira muito consistente e dê preferência para a comunicação cara a cara e preferencialmente pelo gerente de manutenção falando pessoalmente a todos os funcionários. Informe que esta é a nova manutenção e que não serão aceitos mais os comportamentos antigos e ultrapassados. A declaração firma o compromisso das pessoas, líderes e liderados debatendo sobre o significado da visão e missão e o que devem fazer sobre isto no dia a dia. Assim como Freud já afirmou: "O homem é escravo do que fala e dono do que cala[2]. "

Após a definição e declaração do propósito e dos valores da manutenção você precisa avaliar quais são as suas boas práticas e quais são as deficiências na atuação de seus times de manutenção. Isto na teoria de planejamento estratégico é avaliar os pontos fortes e fracos e avaliar as oportunidades e ameaças. Para fazer este trabalho é necessário utilizar uma matriz SWOT. Esta matriz lhe auxiliará na organização destas informações para poder posteriormente criar o seu plano de ação baseado nestas informações. Neste momento é necessário envolver o máximo de pessoas possíveis para enriquecer o trabalho. Todos precisam receber uma preparação e treinamento mínimo de como utilizar e como se comportar no momento de se expressar para que as opiniões sinceras sejam externadas pelas pessoas. Busque colocar apenas itens que a manutenção tem

[2] Frase dita pelo neurologista e criador da Psicanálise Sigmund Freud.

de pontos fortes e fracos e evite a prática do outrismo[3], evitando colocar a culpa dos problemas existentes na manutenção em outras áreas como Supply Chain e/ou engenharia. Uso sempre a primeira pessoa do plural Nós. Nós temos estas fraquezas, nós temos estas oportunidades.

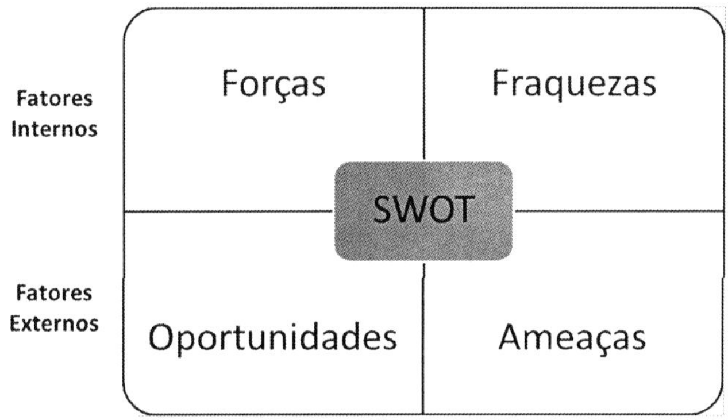

Figura 1 -Matriz SWOT

O próximo passo na jornada de fazer uma manutenção diferente é desenhar o mapa estratégico. Esta ferramenta é utilizada para deixar visual a sua estratégia. Atua em quatro perspectivas: Financeira, Clientes, Processos Internos e Aprendizado e Crescimento. Então, neste momento serão necessários vários debates e grupos de trabalho com as lideranças da manutenção para que estes possam construir a estratégia com vários olhares e percepções. Neste momento podemos utilizar vários recursos como os resultados dos últimos anos, os custos envolvidos, a matriz SWOT e vários outros materiais de apoio para que nada fique no achismo e sim que reflitam a realidade da manutenção.

Existem vários modelos de Mapa Estratégico, mas de forma geral são semelhantes com algumas adaptações. O exposto abaixo traz na parte superior a Visão e a Missão. Isto colocado assim ajuda nas reflexões das pessoas no momento de preencher o Mapa. Na lateral esquerda estão as quatro perspectivas que serão analisadas, ou os olhares que devemos fazer ao analisar a manutenção. No centro do Mapa estão os objetivos que devemos cumprir para atingir a estratégia. Detalhando um pouco mais:

[3] Outrismo – Expressão que define o comportamento do ser humano de colocar sobre os outros a responsabilidade pelos seus erros ou fracassos.

- Financeira: nesta perspectiva está a meta a ser atingida ou o resultado maior da manutenção da empresa. Aqui você vai colocar as metas da manutenção como disponibilidade, confiabilidade, custos específicos em R$/t ou R$/unidade produzida. O pensar aqui deve ser o seguinte: ***Para a manutenção ter sucesso financeiro e gerar valor aos acionistas em quais objetivos deverá focar?***

- Cliente: aqui está a razão maior de uma área de prestação de serviços que é a área de manutenção. Os gestores de manutenção precisam sempre pensar nas razões pelas quais os diretores não terceirizam a manutenção das empresas que eles dirigem. Qual é o diferencial competitivo que os faz manter uma equipe própria de manutenção. Só assim atuaremos de forma estratégica e em prol dos resultados para os acionistas. O pensar aqui deve ser o seguinte: ***Como a manutenção se tornará a melhor fornecedora para os seus clientes?***

- Processos Internos: nesta perspectiva devemos pensar em processos fundamentais que precisam atingir a excelência para que os resultados sejam atingidos. Pensar naqueles processos que serão chave para o atingimento da estratégia. O pensar aqui deve ser o seguinte: ***Quais são os processos operacionais Estratégicos nos quais a manutenção deverá se superar para satisfazer os clientes e acionistas?***

- Aprendizado e Crescimento: nesta perspectiva devemos pensar em pessoas, processos e organização. Se pensarmos no Mapa como sendo uma pirâmide esta seria a base desta pirâmide e que vai suportar todo o restante da estrutura. As pessoas precisam estar treinadas e capacitadas para que tudo aconteça de forma adequada na manutenção e traga resultado para a organização. Aqui vale pensar em meritocracia, produtividade, benchmarking e novas tecnologias. Outro aspecto é pensar no crescimento nesta etapa, ou seja, como automatizar processos por exemplo ou simplificar os processos para que sejam melhores e menos burocráticos. O pensar aqui deve ser o seguinte: ***Como a manutenção sustentará sua habilidade de mudar e crescer continuamente para alcançar sua missão.***

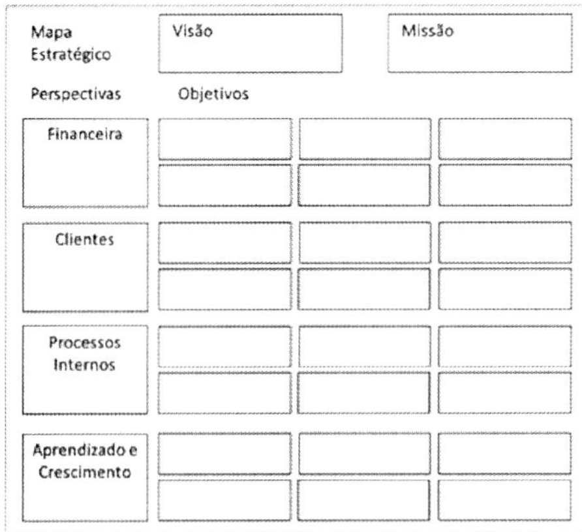

Figura 2 - Mapa Estratégico

De posse deste material agora é partir para fazer o plano de ação definindo todas as atividades que devem ser executadas para atingir os objetivos traçados. Vale lembrar que este é um trabalho de longo prazo. Não é corrida de 100 metros e sim uma maratona de 42 Km. O que quero dizer aqui é que não se muda a cultura em curto prazo, é necessário um prazo maior e uma resiliência alta para implantar novos conceitos e ideias. Aliás, é uma característica do ser humano se manter na inércia e resistir às mudanças até o limite, já que mudar dói e exige energia e disciplina. Plano de ação executado agora é partir para a etapa de implantação das ações que foram definidas. Lembre-se que para um único objetivo podemos ter várias ações a serem feitas.

A proposta deste livro é apresentar um modelo de gestão de manutenção que seja o mais atualizado possível e que não se prenda a um único modelo, mas que aborde as melhores práticas de mercado associado ao uso prático destas metodologias e propostas existentes a fim de garantir o resultado sem que seja necessário um grande projeto para a implantação de tal prática.

Quando buscamos no mercado os atuais modelos de gestão de manutenção encontramos uma série de estudos atualizados e modernos que deixam o gestor de manutenção com uma série de dúvidas sobre qual deve ser a sua linha de atuação. Existe uma gama de opções no mercado com várias consultorias de ótima qualidade que podem atuar no sentido de apoio de implantação de metodologias de trabalho.

Existe ainda uma série de normas brasileiras e internacionais que podem ser objeto de trabalho para o gestor moderno de manutenção. Podemos citar a ISO 55000 como a mais moderna e atualizada norma de gestão de ativos. Originada da PAS 55 esta norma ainda está pouco difundida no Brasil e apenas algumas empresas têm a certificação até o momento. O que pode ser afirmado é que as empresas devem iniciar a preparação de sua gestão para a futura implantação desta norma.

A evolução da manutenção ao longo dos anos tem sido objeto de vários estudos e hoje existe a proposta de Gerenciamento de Ativos Empresariais como o mais moderno método de abordagem da gestão da manutenção. Esta evolução pode ser visualizada na figura abaixo:

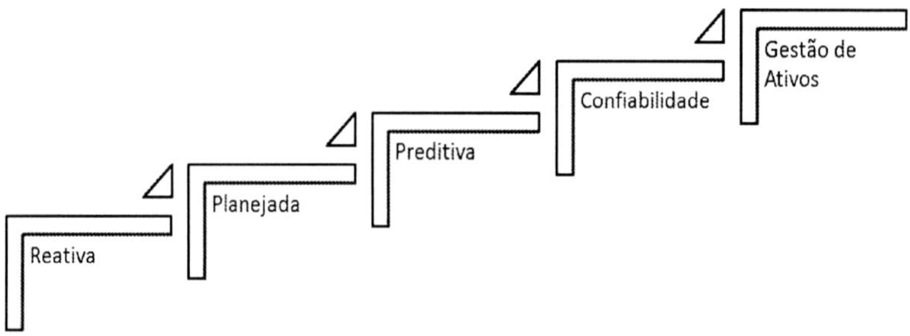

Figura 3 - A escada da evolução da manutenção

Não é necessário um grande detalhamento deste cenário de evolução já que a maioria dos gestores atuais sabe bem como este processo funciona. A evolução dos gestores tem sido muito grande nos últimos anos e hoje temos profissionais muito mais preparados e a maioria sabe como cada tipo de manutenção ilustrada nesta escada funciona. O que temos de reforçar apenas é que não há como obter o nível máximo desta escada sem ter passado por alguns degraus precedentes como planejada, preditiva e confiabilidade; já que são etapas obrigatórias para a obtenção da **Gestão de Ativos**.

Capítulo 3

Conceituando

3.1 A Gestão de Ativos

Muito tem se falado sobre este tema no Brasil nos últimos anos, porém, as empresas têm se aprofundado pouco sobre este tema na rotina das operações e na estratégia de gestão dos seus ativos. O tema começou a ganhar destaque com a introdução da PAS 55 que posteriormente foi englobada pela ISO 55000. Existe uma confusão por muitos profissionais de manutenção que entendem que a ISO 55000 somente trata de manutenção de máquinas e equipamentos. A norma é muito mais abrangente do que isto e abrange muito mais do que simplesmente fazer a manutenção dos ativos.

Para melhor esclarecer sobre o tema, segue a definição de Ativos de acordo com a norma ISO 55000, sendo:

"Ativo é um item, algo ou entidade que tenha valor real ou potencial para uma organização."

A partir deste conceito podemos perceber que Ativo não é simplesmente um equipamento ou uma máquina. Os ativos podem ser tangíveis ou intangíveis (de acordo com a norma). Dentre os intangíveis podemos ainda citar um projeto, um software, um conceito, uma marca e um determinado conhecimento (também chamado do know-How) sobre determinado assunto.

Então fazer a Gestão de Ativos segundo a ISO 55000 é:

"A atividade coordenada de uma organização para realizar valor a partir de ativos."

Diante desta descrição podemos então ponderar a respeito do assunto fazendo um paralelo da prática com a teoria sobre o assunto. Afinal, realizar valor tem implícito que temos a necessidade de atingir o máximo resultado a partir de um processo que envolve ativos físicos e ativos não físicos. Ainda sobre valor, podemos afirmar que:

Realizar valor consiste em um equilíbrio de forças entre benefícios de custos, riscos, oportunidades e desempenhos.

Devemos ainda conceituar ***Risco***, sendo:

Risco é uma Ameaça sob controle, ou seja, quanto mais ameaças existem na geração de valor do seu ativo mais controles devem existir sobre as ameaças para garantir a geração de valor por parte do Ativo.

A partir desta afirmação, precisamos pensar a respeito da necessidade de um sistema de identificação, análise e definição de ações para mitigar os riscos existentes nos processos de transformação de uma determinada matéria-prima em um produto com alto valor agregado. Esta abordagem é feita na ISO 31000 que precisa ser foco de estudo de aprofundamento para que se faça de forma adequada a gestão destes riscos.

Vamos utilizar como exemplo um processo de transformação de uma barra de ação em uma determinada peça ou produto acabado. É um processo de transformação simples que tem por objetivo executar uma usinagem de uma peça. Fácil, não? Bem, vejamos!

Qual o papel do gestor de ativos?

- Alcançar objetivos organizacionais;
    - Atingir metas de produção.
    - Atingir objetivos de custos.
    - Garantir que não aconteçam acidentes.
    - Garantir a qualidade dos produtos.

- Gerenciar ativos através do Ciclo de Vida dos Ativos;
    - Garantir as manutenções.
    - Garantir a máxima utilização das máquinas de usinagem.
    - Alinhar interesses organizacionais.
    - Garantir que os clientes, acionistas, empregados e fornecedores estejam satisfeitos.

- Integrar esforços da organização na busca de resultados;
- Garantir que todos estejam em busca dos mesmos objetivos.

Então, podemos afirmar que o Gestor de Ativos é um mediador de uma competição de Cabo de Guerra[1] em que cada interessado puxa o processo para o seu lado na busca de seus principais interesses para maximizar resultados. O equilíbrio de forças ficaria assim representado:

Figura 4 - O cabo de guerra da Excelência Operacional

O Gestor de Ativos tem a função de atender a todos os interesses da melhor forma com o principal objetivo de atingir a Excelência Operacional (EO). Desta forma precisa utilizar os conceitos de ***Saúde e Segurança*** para garantir que os empregados e os fornecedores estejam satisfeitos, ***Gerir os Ativos*** de forma a garantir o melhor resultado para os acionistas e utilizar o mínimo possível de serviços e materiais dos fornecedores, ***Gerir Riscos*** de forma que os ativos ofereçam o mínimo possível de problemas aos acionistas e clientes e utilizar os conceitos de ***Qualidade de Produtos e Serviços*** para que os clientes tenham o melhor serviço, através da qualidade da mão de obra dos funcionários, e o melhor produto de forma a não afetar o resultado de seus produtos para os seus clientes.

Voltando ao nosso exemplo da confecção de uma peça através de uma barra de aço há a necessidade de garantir que os fornecedores entregarão os materiais dentro das especificações, temos que garantir que os funcionários estejam treinados para a confecção da peça com qualidade, é necessário garantir que as máquinas de usinagem não quebrarão e assim poderão atender os clientes, é

[1] Cabo de guerra é uma atividade esportiva na qual, duas equipes competem entre si em um teste de força, puxando uma corda.

necessário garantir que teremos o mínimo de desperdício de material e utilização de insumos para maximizar os lucros, é necessário que a segurança esteja em ordem para que nenhum incidente ou acidente comprometa a imagem da empresa e ofereça riscos aos funcionários, acionistas e clientes.

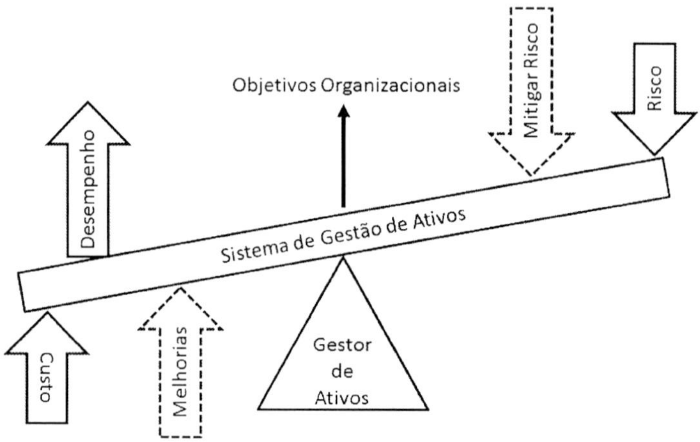

Figura 5 - A gangorra do desempenho x risco

Diante deste ponto de vista, o gestor de ativos tem papel de ponto central de apoio para que o sistema de gestão de ativos possa funcionar. Com a analogia da gangorra podemos então afirmar que o equilíbrio entre o desempenho, risco e custo precisa ser buscado através das melhorias e da gestão dos riscos, ou seja, o gestor precisa através do sistema achar formas de conseguir o desempenho assumindo riscos controlados ao invés de fazer como nas empresas com gestão tradicional que conseguem o desempenho apenas com o custo sendo o impulsionador.

A análise crítica do sistema e as análises dos resultados devem atingir tal profundidade ao ponto de garantir que os riscos estejam controlados com o menor custo possível. Caso isto não seja bem feito, haverá a necessidade de aportar muito recurso humano e financeiro para garantir o desempenho e manter os riscos sob controle. No caso de manutenção, podemos afirmar que é muito cômodo ao gestor de manutenção ter à mão todos os equipamentos reservas e as peças sobressalentes para que caso o equipamento falhe ele possa rapidamente substituir, minimizando a perda de produção. Bem, isto não cabe num sistema de gestão de ativos. O que se espera é que a confiabilidade seja tal que minimize os riscos em contrapartida do atingimento do resultado, não sendo assim necessário manter um alto volume e altos custos de peças e sobressalentes.

Existem vários modelos conceituais de gestão de ativos que podem ser utilizados como referência para a implantação do sistema. Abaixo o modelo conceitual da Abraman (Associação Brasileira de Manutenção).

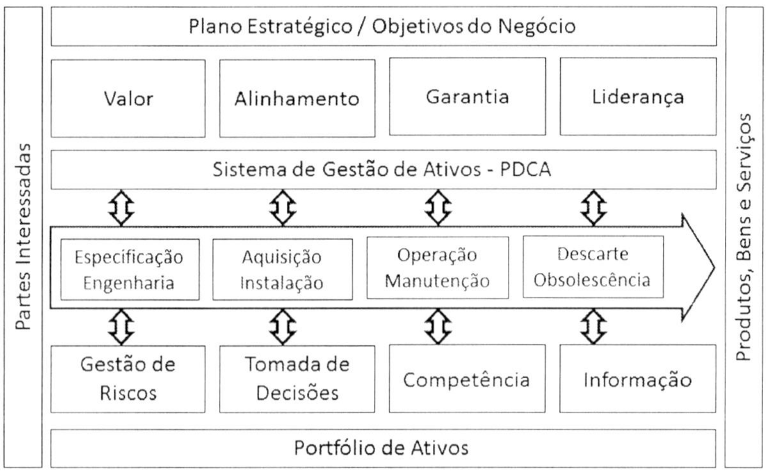

Figura 6 - Modelo conceitual de gestão de ativos Abraman

Um sistema de gestão de ativos é fundamental para o sucesso na gestão dos ativos, apoiado pela liderança para que a gestão gere valor para a organização e para as partes interessadas. Os objetivos alinhados aos requisitos das partes interessadas e uma integração dos processos dos vários negócios é o que garante que o sistema de gestão perenize, assim como o processo de melhoria contínua para garantir que o sistema de gestão esteja adequado ao longo do processo.

3.2 TPM – Manutenção Produtiva Total

Na década de 50, no Japão pós-guerra, foi introduzido o conceito de manutenção preventiva nas indústrias de processo. O conceito era de que o resultado de segurança, produção e qualidade; entre outros; está intimamente relacionado com o estado das instalações. A manutenção produtiva foi desenvolvida nos anos 60 e incorpora as atividades de melhorias de projetos ou "Maintenance

Prevention Design" também conhecida como análise PM, engenharia de confiabilidade e mantenabilidade e engenharia financeira.

Norman Bodek Presidente da Productivity Press, Inc. editor do livro TPM em Indústrias de Processo afirma na mensagem do editor na introdução do livro, o seguinte:

"O TPM melhora consideravelmente os resultados dos negócios e garante um ambiente de trabalho seguro, agradável, e produtivo por otimizar o relacionamento entre as pessoas e os equipamentos em que elas trabalham".

O TPM foi inicialmente desenvolvido nas indústrias de fabricação e montagem industrial como as indústrias automobilísticas (Toyota, Nissan e Mazda) e de eletrodomésticos, mas posteriormente foi aplicado em indústrias de processo que, em caso de paradas, podem ter prejuízos enormes. Era apenas utilizado por usuários de equipamentos e posteriormente foi aplicado por fabricantes de equipamentos melhorando a performance destes, quando no ciclo de vida dos mesmos nas indústrias, pois já previam os possíveis modos de falha e já incorporavam as soluções para estes modos de falha no projeto dos equipamentos.

No Japão ainda foram introduzidos os sistemas de manutenção de prevenção e de produção nas indústrias de processo e esses sistemas foram responsáveis pela melhoria de qualidade do produto e produtividade e ainda contribuíram para melhoria global do gerenciamento de manutenção. A produtividade da manutenção foi melhorada, a especialização da manutenção aumentou, os sistemas de gerenciamento de equipamentos foi desenvolvido e ainda a melhoria da tecnologia dos equipamentos foi introduzida.

Os caminhos seguidos por estes dois segmentos de indústria (indústrias de processo e de montagem de fabricação) foram diferentes ao longo da história. Enquanto a de fabricação e montagem, que começou a utilizar o TPM, seguiu investindo fortemente em aumentar a tecnologia com equipamentos sofisticados e automatizados, diminuindo assim os esforços e o trabalho intensivo de manter; a indústria de processos focou em manutenção preventiva e produtiva. Esta tendência de automatização combinada com a produção just-in-time, estimulados pelo interesse de melhorar o gerenciamento de manutenção na indústria de fabricação e montagem deu origem à abordagem exclusiva japonesa chamada de Total Productive Maintenance (TPM) que significa envolver a todos da organização na manutenção produtiva.

A abordagem do TPM abrange os seguintes aspectos:

- Construir uma organização incorporada que maximize a eficácia dos sistemas de produção.
- Através da aproximação do chão de fábrica, construir uma organização que previna todo tipo de perda (assegurando zero acidentes, zero defeitos e zero falhas) para a vida do sistema de produção.
- Envolver todos os departamentos na implementação do TPM, incluindo desenvolvimento, vendas e administração.
- Envolver todos – desde a alta gerência até os empregados de chão de fábrica.
- Conduzir atividades de zero perda através da sobreposição de atividades de grupos pequenos.

O TPM proporciona resultados tangíveis e intangíveis onde é aplicado, sendo:

Tangíveis

- P - Aumento de Produtividade líquida na ordem de 1,5 a 2 vezes
  - Número de paradas inesperadas cai entre 1/10 e 1/250 em relação ao histórico
- Aumento da eficiência de planta em 1,5 a 2 vezes
  - Q - Média de defeitos de processo cai 90%
  - Reclamações de clientes caem 75%
  - C - Custos de produção caem 30%
  - D - Inventários de produtos acabados e em processo caem pela metade
  - S – Zero paradas e zero perdas por afastamentos de acidentes
  - Incidentes ambientais zero
  - M – Aumento de sugestões de melhoria entre 5 a 10 x

Intangíveis

- Atinge-se a autogestão por completo – os operadores sentem-se donos dos equipamentos, fazendo a autogestão sem orientação dos líderes.

- Eliminação de quebras e defeitos e inspirando confiança e atitude de fazer.

- Fazer de locais sujos e engraxados locais limpos, claros e alegres.

- Dar aos visitantes da planta uma melhor imagem da companhia e, consequentemente, obter mais pedidos.

A abordagem às perdas se dá com o objetivo de maximizar o resultado e isto acontece através da abordagem de alguns grupos que focam as suas ações no tratamento de perdas específicas. Este agrupamento que também é conhecido como pilares do TPM se dá de forma a concentrar ações no tratamento de perdas específicas. Os principais pilares são:

- Melhoria focada
- Manutenção autônoma
- Manutenção planejada
- Gestão antecipada
- Manutenção da qualidade
- Segurança e saúde
- Treinamento

A manutenção planejada é implementada através de 6 passos, sendo:

- Avaliar o equipamento e entender a situação atual
- Inverta a deterioração e corrija as fraquezas
- Construa um sistema de gerenciamento das informações
- Construa um sistema de manutenção periódica
- Construa um sistema de manutenção preditiva
- Avalie o sistema de manutenção planejada

Um aspecto importante abordado pelo TPM é a questão do gerenciamento de equipamentos em indústrias de processo. Esta abordagem se dá em 3 etapas:

1. Planejamento do ciclo de vida do equipamento – Envolve o planejamento de custos da vida do equipamento desde a engenharia até a sua substituição no final da vida útil.

2. O segundo preocupa-se com o tipo de manutenção que deverá ser feita – para extrair o máximo do equipamento é necessário planejar o tipo de manutenção e as frequências de cada uma, bem como o método empregado se preventivo, corretivo ou preditivo, assim vai se garantir que o equipamento irá operar sem falhas.

3. O terceiro envolve atribuir responsabilidade para a manutenção – neste aspecto é definido o responsável por fazer quais tarefas nas várias etapas da vida do equipamento. A manutenção mais especializada será feita por mantenedores e as mais simples por operadores, dependendo da criticidade do equipamento e da tecnologia envolvida no mesmo. O objetivo sempre será de buscar zero defeitos e zero falhas e acidentes.

Estes aspectos podem ser visualizados de forma esquematizada na figura abaixo onde podemos perceber as dimensões da abordagem do TPM na gestão de equipamentos, nas indústrias de processo.

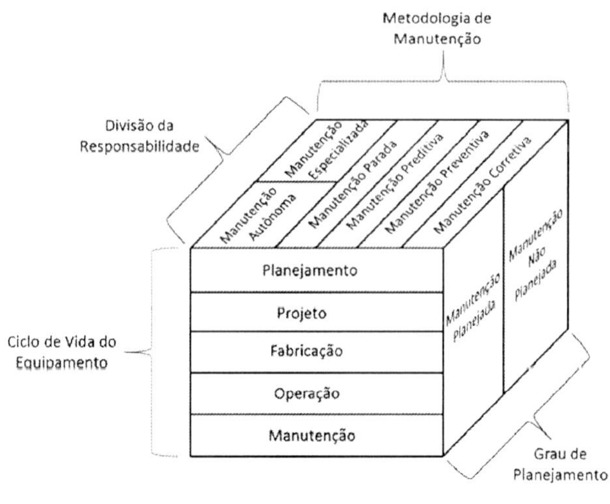

Figura 7 – Conceito de Gerenciamento de equipamentos[2]

Então como deve ser utilizado e implantado o TPM nas práticas de manutenção?

[2] *Fonte: TPM em indústrias de processo.*

Não é necessária a implantação do TPM na íntegra em toda a organização, mas o gestor de manutenção precisa usar os conceitos definidos no roteiro de TPM de manutenção para organizar a manutenção. Com o roteiro colocado anteriormente, podemos traduzir este roteiro de 6 passos da seguinte forma:

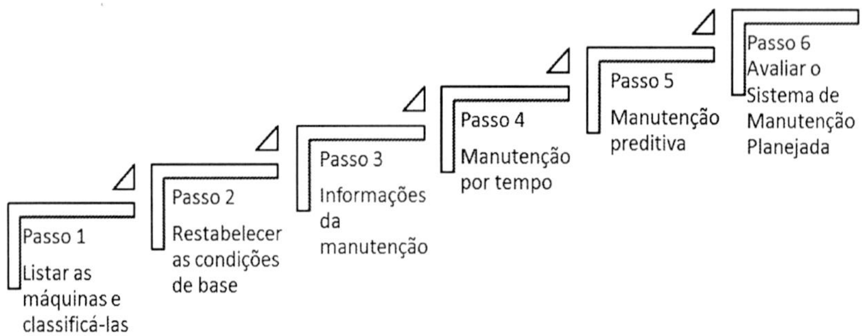

Então como fazer isto na prática? O que deve ser feito em cada passo?

- Passo 1 - Neste passo a manutenção deve garantir que todas as máquinas e plantas estão definidas e classificadas. Em um site de grande porte pode existir uma série de plantas menores ou mini fábricas que precisam ser classificadas de forma a terem graus de importâncias diferentes. Aqui, vale o conceito de classificação ABC. Depois de classificar as plantas na fábrica será necessário classificar os TAGs ou Locais de Instalação que existem em cada planta. Com esta lista de locais e de plantas classificadas se torna fácil tomar decisões de priorização de manutenção e de técnicas de manutenção que devem ser utilizadas no dia a dia.

- Passo 2 – Neste passo a manutenção precisa garantir que as condições mínimas necessárias para o bom funcionamento das instalações e dos equipamentos estejam garantidas. Aqui a melhor forma de fazer é sair a campo com o olhar voltado para as mínimas condições necessárias para cada equipamento e instalação. O manutentor precisa ir a campo com o olhar voltado para encontrar situações que podem causar defeito nos equipamentos. Aqui vale a máxima de um bom inspetor: saber o que procura, saber quando encontra e saber o que fazer com o que encontra. Na prática, a manutenção deve fazer uma lista de verificação que os manutentores devem possuir e ir a campo inspecionar as mínimas condições que podem causar paradas de plantas. Podemos citar os seguintes pontos: vazamentos, corrosão, condição dos elementos de fixação, limpeza, lubrificação e outras anomalias nas condições de base. Aquilo que pode ser feito imediatamente o manutentor já resolve, aquilo que precisa de intervenção programada recebe uma notificação de intervenção. Depois da lista de notas colocadas será necessário acompanhar a execução de todas as notas.

- Passo 3 – No passo 3, a manutenção precisa garantir que o sistema de informações está implantado e funcionando adequadamente. O sistema de informação pode ser em um ERP ou em um software dedicado de manutenção. O mínimo necessário aqui é ter as plantas, locais de instalação e equipamentos inseridos no sistema. Outro ponto é o calendário de paradas detalhado e sob controle. Os planos de manutenção também precisam estar no sistema. Os indicadores de performance de manutenção precisam receber tratamento especial e estar registrados no sistema, então disponibilidade, quebras, MTBF e MTTR são elementos essenciais. As notificações de intervenção e as ordens de serviço precisam estar sob controle e devem permitir que se possa fazer o detalhamento de quantidade de notas e ordens por local, planta e equipamento, bem como, o custo por tipo de intervenção; se corretiva, preventiva ou preditiva. Organize o seu sistema de forma a permitir que seja uma ferramenta estratégica de gestão do seu dia a dia.

- Passo 4 – No passo 4, será organizado o sistema de manutenção por tempo. Tudo que precisa receber uma intervenção planejada por tempo ou horímetro deve ser pensado neste passo. Aqui devem estar organizadas as intervenções de troca de componentes que precisam ser trocados, por tempo independente do estado do componente. Nos ERPs existem os planos de manutenção, também chamados de alertas de trocas programadas, que são as ferramentas utilizadas para organizar estas intervenções. Sabemos que esta não é a forma de manutenção mais barata, mas também sabemos que em todas as empresas existem muitos componentes que são substituídos por tempo e estes precisam estar sob controle.

- Passo 5 – No passo 5, a manutenção precisa pensar e organizar os métodos de manutenção preditiva e inserir no sistema de gestão para poder gerenciar e fazer o controle de rotas da melhor forma possível. Então faz parte deste passo pensar nos métodos necessários e suficientes que garantirão a confiabilidade das instalações. Como sabemos, existe uma série de técnicas disponíveis e o que deve ser feito neste passo é definir a técnica mais adequada para extrair valor dos ativos no menor esforço e custo necessários, portanto é uma decisão estratégica. Neste passo se faz necessário visitar o passo anterior e reavaliar se o que foi definido por tempo ainda se manterá ou será substituído por uma técnica de inspeção inserida no passo 5. O ideal neste passo é reunir os técnicos de inspeção e os engenheiros de confiabilidade e propor as melhores técnicas de acordo com o tipo de equipamento existente na planta. Ainda pode ser proposta a frequência de cada inspeção de acordo com o grau de importância das plantas e dos equipamentos e/ou locais de instalação. Uma sugestão de técnicas de manutenção de acordo com o tipo de equipamento pode ser vista na tabela abaixo:

Tabela 1 - Proposta de técnicas e métodos de inspeção de equipamentos.

Técnicas	Sensitivas				Preventivas					Preditivas					
Método / Equipamentos	Vazamentos	Temperatura	Ruido	Elementos de Fixação	Troca de óleo	TBM	Limpeza	Fixação	Termografia	Ultra Som	Vibração	Ferrografia	Raio X	Liquido Penetrante	Partículas Magnéticas
Bombas	S	S	S	S											
Motores	S	S	S	S											
Agitadores	S	S	S	S											
Inversores							A	A	M						
PLCs							A	A	M						
Paineis Elétricos							A	A	M						
Cilindros hidráulicos	M	M	M	M					M						
Tubulações NR13	M			M									A		
Válvulas	M			M											
Turbo Geradores	M	M	M	M							M			A	A
Picadores			M	M											A
Rolos de Máquina				M						O	M			O	O
Descascadores									M					A	A
Vasos de Pressão	M			M			A			A			O	A	A
Unidades Hidráulicas	M			M	O		M				M	A			
Filtros de Óleo	M			M		O	O								

Onde: A – anual, M – mensal, S – semanal, O – oportunidades aproveitadas em revisões maiores ou de acordo com informações vindas de preditivas

- Passo 6 – No passo 6, a manutenção precisa reavaliar tudo que foi definido e executado nos passos anteriores através da realização de análises críticas. Aqui a manutenção precisa pensar com o método de PDCA. O "planejar e fazer" já foi feito nos passos anteriores e agora se faz necessário avaliar tudo que foi feito e como foi feito para poder melhorar o sistema todos os dias. Então cheque e atue nos desvios de execução do que foi definido e melhore o sistema todos os dias.

Existem muitas atividades e tarefas que a manutenção precisa fazer na sua rotina e posso afirmar com muita propriedade que a gestão de manutenção é uma das mais complexas que existem nas indústrias de grande porte. Existem muitos processos que precisam ser geridos e, para isto, são necessárias muita disciplina e organização. Então, minha sugestão para você, gestor de manutenção, é que você crie um grupo para cuidar do método de manutenção. Em algumas empresas existe o Pilar de Manutenção Planejada que se dedica a cuidar do método e este grupo garante que o método vai ser implementado. Esta maneira de fazer é uma forma adequada e suficiente já que obrigatoriamente estas pessoas vão dedicar uma parte de seu tempo para garantir a implementação do método.

3.3 GPD – Gerenciamento Pelas Diretrizes

> "Os fatores tradicionais de produção – terra, mão de obra, e até mesmo dinheiro, pela sua mobilidade – não mais garantem vantagem competitiva a uma nação em particular. Ao invés disto, o gerenciamento tornou-se o fator decisivo de produção".
>
> Peter F. Drucker

É com esta afirmação de Peter Drucker que o Professor Vicente Falconi inicia o seu livro sobre Gerenciamento pelas Diretrizes (GPD). O fator decisivo de sucesso das empresas está no gerenciamento dos seus processos e sistemas produtivos. Não há mais espaço para gestores ou pessoas de bom senso apenas e que não apliquem método científico de gestão pelos resultados.

No conceito desta teoria voltada para a resolução de problemas prioritários da organização existem condições vitais como a Liderança da alta administração e do envolvimento de todos os funcionários para a resolução dos temas prioritários da organização. O sistema visa o atingimento de metas anuais necessárias para a sobrevivência da organização, logo, é um sistema de gestão que estabelece e executa o plano anual.

Todas as organizações devem ter o seu plano de longo prazo, pois a base para o estabelecimento de metas anuais é este plano. O plano de longo prazo serve para orientar as ações do plano anual de metas e devem ser revistos anualmente. O objetivo do GPD é de transformar as estratégias da organização em realidade.

O método baseia-se na utilização do PDCA que serve para operacionalizar as diretrizes definidas pela organização. O PDCA na visão de Falconi:

P – Estabelecimento das diretrizes para todos os níveis gerenciais;
D – Execução das medidas prioritárias e suficientes;
C – Verificação dos resultados e do grau de avanço das medidas;
A – Reflexão sobre o não atingimento da meta e a definição de ações corretivas.

O papel do gestor nesta metodologia é não permitir que metas não atingidas fiquem sem a devida reflexão e análise. A análise deve ser feita através da determinação das causas e do uso de fatos e dados para que sejam definidas as contramedidas efetivas para a resolução do problema. A força deste gerenciamento é a boa reflexão.

O GPD baseia-se na inovação e para que ocorra é necessário cumprir o PDCA por todos da organização. É necessária a participação criativa das pessoas para que promovam o rompimento da situação atual de forma a atingir os resultados necessários à sobrevivência.

Nesta metodologia são conceituados vários termos, que seguem:

Meta – a meta é o gol. Um ponto a ser atingido no futuro. É constituída de três partes – Um objetivo gerencial, um valor e um prazo.

Planejar – é definir aquilo que deve ser feito para atingir a meta. É estabelecer um conjunto de medidas prioritárias e suficientes para atingir a meta;

Gerenciar – É atingir a meta, já que não existe gerenciamento sem meta;

Diretriz – consiste em uma meta mais uma medida. As diretrizes são estabelecidas para resolver problemas.

Medidas – são meios ou métodos específicos para se atingir a meta.

Exemplo de uma diretriz:

Meta – "Aumentar a produtividade da empresa em 12% até o final deste ano".

Medidas –
1-Reduzir o custo fixo;
2-Reduzir o custo variável;
3-Reduzir as reclamações de clientes;
4-Aumentar a disponibilidade de equipamentos;
5-Desenvolver novos produtos;
6-Aumentar as vendas;

Fenômeno – é o problema a ser resolvido. Supondo a seguinte meta: "aumentar o Market-share em 2% até dezembro do corrente ano". O fenômeno ou problema é aumentar o market-share.

Análise – significa examinar cada parte do todo. Decompor o todo em partes. Transforma a informação em conhecimento facilitando a tomada de decisão.

Método – é a soma das palavras gregas META e HODÓS que significa caminho, portanto, método significa caminho para a meta.

O que se prega no GPD é de que deve existir o Gerenciamento da Rotina do Trabalho do Dia a Dia (Campos, Gerenciamento da Rotina do Trabalho do Dia-a-Dia, 2004) para que a aplicação deste método seja eficiente, pois, com o gerenciamento da rotina busca-se a manutenção e a melhoria incremental enquanto no GPD busca-se o rompimento da situação atual chamada de melhoria rompedora. Portanto, o que se busca com gerenciamento do dia a dia é a garantia do faturamento da empresa já que todo o trabalho desta rotina é feito para isto. Ambas as atividades devem ser conduzidas simultaneamente. A filosofia do gerenciamento pelas diretrizes é de que as pessoas vão atuar de forma criativa e dedicada e baseada na inovação, conduzindo mudanças necessárias para atingir os resultados. Após a aplicação do PDCA da mudança é necessário a padronização da nova forma de fazer. A relação entre os dois tipos de gerenciamento (da rotina do dia a dia e pelas diretrizes) se estabelece através da padronização, o S do SDCA ilustrado na figura a seguir:

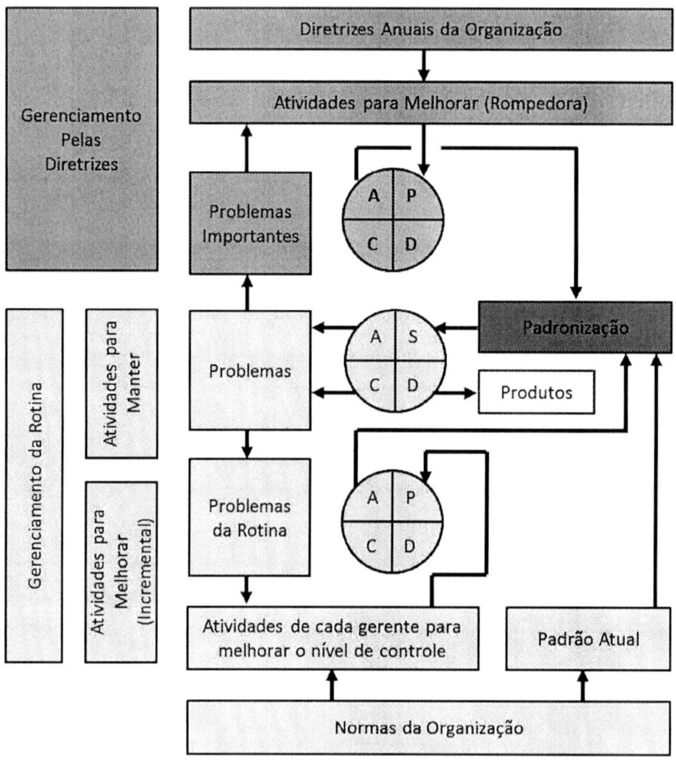

Figura 8 - A relação entre o Gerenciamento pelas Diretrizes e o Gerenciamento da Rotina do Trabalho do dia a dia[3].

3.4 GMD – Gerenciamento Matricial de Despesas

O GMD ou Gerenciamento Matricial de Despesas é a metodologia proposta por Falconi. Ela é utilizada para o controle e a gestão das despesas de sua empresa por um método que faz a gestão de forma matricial, assim como o próprio nome do método já afirma. O método consiste em dividir os custos em pacotes

[3] Fonte: (Campos, Gerenciamento pelas Diretrizes, 2004)

e designar um gestor para cada um desses pacotes. Após esta estruturação mínima deve ser organizada a rotina de gestão dos custos que consiste na disciplina de gerir as despesas no dia a dia de cada pacoteiro e gestor de entidade.

O pacoteiro ou gestor de pacote deve preferencialmente ser uma pessoa que não seja o responsável pela despesa e sim uma pessoa de fora da rotina da execução dos gastos, ou seja, existe um gestor que responde pela despesa, mas este não é o pacoteiro ou gerente de pacote, como se chama na metodologia. Isto traz mais transparência e senso de responsabilidade do responsável pela execução da despesa, pois este sabe que existe alguém de fora da sua rotina fazendo a gestão destas despesas.

Quanto à rotina de controle das despesas, esta deve ser organizada de forma que cada desvio em relação à meta proposta previamente seja analisado e tratado com um plano de ação para que este desvio não se repita e que caso este desvio não seja possível reverter no ciclo atual, que sejam propostas medidas de recuperação de custos no ciclo; que podem passar por não execução de alguma despesa orçada, mas que possa ser deixada de executar neste ciclo e realizada num próximo. Num exemplo prático, seria como deixar de fazer, por exemplo, a contratação de algum trabalho de manutenção em algum equipamento no ciclo atual e contratar num próximo ciclo. O ciclo aqui comentado pode ser um mês ou um ano. Isto depende de cada organização ou método definido para esta organização.

A meta de cada pacote deve ser sempre definida antes do início de cada ciclo de custos. Isto deve ser feito através da organização antecipada dos dados das despesas do ciclo atual onde deve existir toda a informação necessária para o bom entendimento das despesas e como será feito o orçamento e definição da meta para cada entidade e/ou centro de despesas. Isto é feito através de uma rodada de negociações com o responsável pela execução da despesa e o gerente de pacote ou pacoteiro. Depois de executada a rodada de negociação e definição da meta, inicia-se definitivamente a rotina de controle das despesas.

Na tabela a seguir, podemos visualizar uma gestão matricial de despesas, sendo que constatamos o seguinte:

1. Primeiro, podemos ver que a despesa total desta empresa é de 759.

2. A segunda informação que obtemos é que cada máquina ou entidade

tem uma despesa destacada no rodapé da tabela. No caso da máquina X, o total de despesas é de 480, ou seja, mais de 60% das despesas estão nesta máquina. Isto nos traz a informação de que ela seria um grande foco de trabalho de redução.

3. A terceira informação é de que cada pacote tem sua despesa destacada por entidade e com isto podemos avaliar qual o impacto de cada um em cada parte da organização.

4. No caso da manutenção ainda abrimos em subpacotes o que traz também mais aprofundamento das despesas. Sabemos que nesta empresa a manutenção é responsável por 84 do total de 759. Sabemos que a Máquina X é a Máquina que tem o maior custo de manutenção de 50.

5. No caso de despesas com pessoal, por exemplo, sabemos que pessoal na Máquina X tem o maior custo (100) e que deste total de 100, 20 é de manutenção.

6. Ainda podemos constatar que do total de pessoal desta empresa (170), o pessoal de manutenção representa 17% ou 30 de um total de 170.

Tabela 2 - GMD Análise Matricial de Despesas

		Centros de Despesas ou Entidades				
Pacote	**Sub Pacote**	**Maquina X**	**Maquina Y**	**Qualidade**	**Administração**	**Total**
Manutenção		30	16	6	2	54
	Terceiros	10	5	3	1	19
	Materiais	15	8	2	1	26
	Contratos	5	3	1		9
Pessoal		100	60	5	5	170
	Manutenção	20	10			30
Veiculos		3	2		1	6
Materiais		25	10	4	1	40
Facilities		2	3	1	1	7
Insumos		200	100	2		302
Utilidades		100	50			150
Total		480	251	18	10	759

Esta é a essência da análise matricial de despesas. Pode-se fazer análises cruzadas de várias formas e o método de plotar isto numa matriz dá uma visualização que não se tem numa análise convencional.

A organização prévia destes dados permite que no início de cada ciclo sejam feitas boas conversas de entendimento e aprofundamento das despesas para que se possa fazer uma boa negociação da meta. A meta deve ser definida sempre com base nos dados e no benchmarking interno ou externo. A forma de definir pode ser pelo método da lacuna, ou seja, existem meses em que as despesas foram abaixo do orçado e meses que foram acima do orçado, esta análise deve ser feita para o entendimento dos motivadores destes desvios positivos e negativos e isto deve ser usado para a definição de melhores práticas.

Ainda sobre o ciclo e a organização dos dados podemos detalhar da seguinte forma:

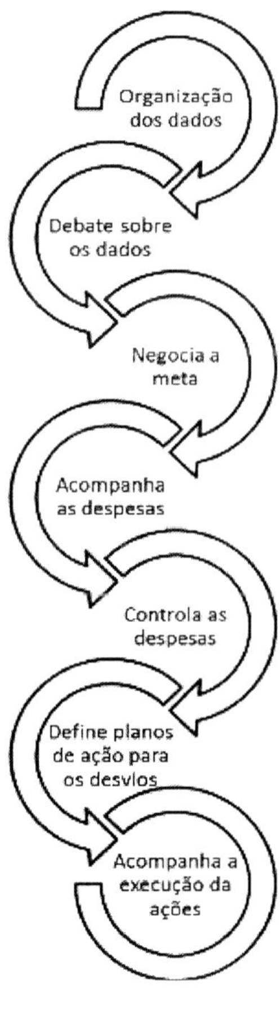

Nesta etapa, o gestor de pacote deve recolher o máximo de informações a respeito das despesas do seu pacote de cada entidade de sua organização.

Aqui o gestor de pacote e o responsável, ou responsáveis, pela execução da despesa devem fazer uma boa conversa de entendimento das despesas de sua entidade.

Nesta etapa os responsáveis pela execução das despesas assumem uma meta juntamente com o gestor de pacote.

Aqui existe a etapa de acompanhamento das despesas que deve ser feito por todos, ou seja, o pacoteiro e o responsável pela execução.

Ainda nesta etapa deve haver um controle efetivo dos gastos através de reuniões de acompanhamento das despesas efetivadas.

Neste momento deve existir a definição de planos de ação para os desvios identificados na etapa de controle de despesas.

E, finalmente, para fechar o ciclo PDCA é necessário fazer o plano de ação ser executado para que se possa novamente analisar e avaliar se a ação foi efetiva ou se haverá necessidade de uma nova ação de controle.

O gestor de manutenção que utilize desta ferramenta no seu dia a dia, independente se existir o método implantado em sua organização, vai demonstrar um ótimo conhecimento da gestão moderna de despesas. O método é simples, mas exige uma disciplina diferenciada para que seja efetivo. A essência do método é o aprofundamento do conhecimento do perfil das despesas de sua organização ou de sua entidade e permite ao gestor fazer um trabalho diferenciado do controle e gestão de custos em sua rotina.

3.5 WCM – Manufatura de Classe Mundial

O World Class Manufacturing (WCM) é uma filosofia baseado num conjunto de técnicas de zero perdas. Foi estudado e desenvolvido por Hajime Yamashina da universidade de Kyoto. Tem sua origem no Sistema Toyota de Produção (TPS). Os métodos aplicados nesta metodologia baseiam-se no Just in Time (JIT), no Total Quality Control (TQC), no Total Productive Maintenance (TPM) e no Total Industrial Engineering (TIE). Hajime desenvolveu este sistema para o grupo Fiat sendo um sistema estruturado de gestão baseado na redução de custos buscando melhorias em logística, qualidade, manutenção e produtividade. O sistema proposto foi baseado em 10 pilares de gestão e 10 pilares técnicos.

Pilares Técnicos:

- Segurança
- Gestão de Custos
- Melhoria Focada
- Manutenção Autônoma
- Manutenção Profissional
- Controle de Qualidade
- Logística e Atendimento ao Cliente
- Gestão Antecipada de Equipamentos
- Desenvolvimento de Pessoas
- Meio Ambiente

Pilares Gerenciais:

- Compromisso da Gerência
- Objetivos Claros
- Mapa de rota para o WCM
- Alocação de operadores de alta qualidade na área modelo
- Compromisso de toda a organização
- Competência da organização na implantação de melhorias
- Tempo e Orçamento
- Detalhamento
- Expansão
- Motivação dos Operadores

Os elementos essenciais do WCM estão relacionados a seguir:

- Combate sistêmico do desperdício em toda a cadeia;
- Envolver as pessoas e desenvolver as suas competências;
- Utilização de métodos e ferramentas no tratamento das perdas;

Quanto às ferramentas e sistemas podemos citar:

TQC – Controle total da Qualidade – busca tratar as perdas de qualidade utilizando de várias ferramentas como: Pareto, causa e efeito, fluxogramas, folhas de verificação, histograma, diagramas de dispersão e ainda CEP (Controle estatístico de processos).

TIE – Engenharia Industrial Total – Busca reduzir perdas através de estudos de engenharia utilizando-se de ferramentas como: análises de processo, eficácia de produção, estudo de tempo e movimentos, balanceamento de linha e sequenciamento, manuseio de material e melhoria de layouts.

TPM – Manutenção Produtiva total – busca de zero perdas através do envolvimento dos pilares de melhoria focada, manutenção planejada, manutenção autônoma, educação e treinamento, qualidade e segurança.

Sistema Lean – o WCM baseia-se no LEAN e utiliza as ferramentas que este método prevê, como: Poka Yoke, Kanbam, Kaizen, JIT, 5 Gs, Jidoka e outros.

Seis Sigma: este utiliza ferramentas como DMADV ou DMAIC.

Afinal o que significa ser uma empresa World Class Manufacturing? Na prática isto quer dizer o que? Como sei que minha empresa está neste patamar? Terry Wireman traz este conceito de forma bem clara no seu livro Benchmarking Best Practices in Maintenance Management. Este afirma que ser classe mundial é ter a habilidade de competir em qualquer lugar do mundo, é ser capaz de conhecer e vencer qualquer competidor com o produto, preço, qualidade e no tempo de entrega. Depois que li esta parte do livro de Wireman ficou bem mais claro a razão de ser classe mundial, ou seja, a sobrevivência no mercado cada dia mais agressivo e competitivo mundialmente. Este questionário de Wireman consiste de uma autoavaliação ou com ajuda de uma consultoria para verificar em que patamar se encontra a empresa.

Como a manutenção pode utilizar esta metodologia na gestão de manutenção sem ter a necessidade de implementar o WCM? Basta absorver e utilizar os conceitos essenciais desta metodologia:

- Combate sistêmico do desperdício em toda a cadeia – Avalie as perdas causadas pela manutenção a todo o tempo e tome ações através de fichas específicas de análise de falhas. Proponha ações para as perdas que atingem o gatilho. Dependendo do tamanho do braço de cada equipe e do tamanho das perdas se faz necessário definir a altura da barra em que todas as perdas devem ser tratadas. Utilize um gráfico de Pareto e acompanhe o andamento do tratamento de perdas na reunião de análise crítica mensal. A perda de produção causada por quebras de máquinas é o mínimo que se espera da manutenção, mas as perdas existentes na manutenção são muito maiores. Podem ser citados: perda de mão de obra, também chamada de produtividade, de material, seja por desperdício ou por troca de ativos antes de atingir a máxima utilização, perdas por má qualidade de planejamento e programação e ainda um ponto muito importante a ser combativo é o excesso de itens de manutenção em estoque, sejam materiais como rolamentos, eixo e vedações ou de equipamentos sobressalentes. Monte grupos de perdas específicos e atue fortemente no combate aos desperdícios na manutenção.

- Envolver as pessoas e desenvolver as suas competências – um dos itens importantíssimos em todas as organizações é com certeza o desenvolvimento das pessoas. Não podemos negligenciar a formação das pessoas nos temas mais importantes e que afetam o resultado da manutenção. Este é o ponto nevrálgico que com certeza não é bem tratado dentro das empresas. Coloque energia em desenvolver os seus manutentores nos pontos em que existem perdas causadas por mão de obra, ou seja, não treine por treinar, mas, sim, nos pontos e assuntos ou temas que evitarão perdas, caso contrário, é desnecessário. Então no tratamento de perdas é de fundamental importância que seja identificado a que M (mão de obra, material, método ou máquina) pertence a perda. Além deste método você ainda pode utilizar um Pareto para identificar em quais temas o seu time mais atua e focar as energias no desenvolver das habilidades específicas nestes temas de maior volume e que por isto não há permissão de errar ou fazer de forma a causar perda.

- Utilização de métodos e ferramentas no tratamento das perdas – como comentei nos dois itens acima, é necessário definir e utilizar um método de tratamento de perdas. Primeiro, é necessário listar e classificar as perdas, depois é necessário definir quais perdas deverão ser, obrigatoriamente, analisadas e, por último, utilizar as ferramentas para tratamento de perdas. Existe uma série de fermentas disponíveis, mas as básicas, também chamadas de ferramentas básicas da qualidade, na metodologia WCM, são o gráfico de Pareto, a priorização 9,3,1 e o Ishikawa ou ainda um porque-porque. Estas são as mínimas necessárias, mas ainda podem ser utilizadas muitas outras.

Trate suas perdas e defina os planos de ação e você verá o resultado de sua organização ser transformado de uma organização que aceita as perdas para uma organização que aprende algo novo todos os dias. Sim, analisar perdas é aprender com elas. Aprenda e mude o futuro.

3.6 WCMM – Gerenciamento de Manutenção Classe Mundial

Quando falamos de melhores práticas de gerenciamento nos vem à mente algumas questões que nos deixam com uma série de dúvidas a respeito da abordagem e o que deveria ser feito para atingirmos as melhores práticas. Existe uma série de metodologias e até filosofias de como abordar a gestão dos negócios que ficamos até atordoados. Aqui mesmo, neste livro, estou trazendo uma série de termos e metodologias que ouvimos no dia a dia de nossa vida profissional. Por exemplo, já abordei TPM e WCM neste livro e trouxe um pouco de teoria sobre estes dois assuntos para que você leitor possa se situar em torno de tudo isto.

Agora trago um termo que provavelmente ainda é menos abordado e conhecido por você leitor, que mesmo estando inserido na rotina da manutenção pode ainda não ter tido a oportunidade de ler ou se aprofundar sobre o tema. Trata-se do WCMM (World Class Maintenance Management) que faz uma avalição da manutenção sob o ponto de vista de classe mundial. A abordagem é no sentido de quais são as práticas que levam a manutenção de uma empresa ser classe mundial e levar a sua organização a ser tão competitiva quanto qualquer outra organização do mundo independente de quais produtos fabrica e em que mercado está inserida.

Terry Wireman, no livro Benchmarking Best Practices in Maintenance Management, traz o conceito de que existem algumas áreas universais em que as boas práticas devem ser embasadas, independente de qual seja o ambiente de negócios ou o momento em que a empresa vive, sendo: Qualidade, atitude diante da concorrência e tecnologia de automação.

A questão da qualidade não deixa muita dúvida. É necessário e imperativo que a perda por qualidade seja evitada. Prevenir o produto do defeito deve ser o foco de qualquer empresa já que o custo da não qualidade é muito elevado e causa uma série de problemas posteriores até a provável perda do cliente. A questão da automação precisa ser encarada sob alguns aspectos; como a questão da simplificação de processos e da diminuição de custos que isto traz para a organização. Quanto mais automatizada for a empresa, menores serão os custos e maior a competitividade.

As empresas que têm a intenção de ser World Class precisam envolver a manutenção nas atividades de qualidade, atitude e automação. Neste aspecto WCMM encara a manutenção da seguinte forma:

- Qualidade – enquanto a máquina está operando é necessário garantir as inspeções de manutenção para que se possa na parada da máquina executar estas tarefas. A manutenção preventiva precisa ser executada nos corretos intervalos de tempo e de acordo com as caraterísticas de cada máquina. Os operadores devem ser envolvidos nas inspeções de rotina.

- Atitude – Existem organizações que prezam pelos lucros no curto prazo e isto afeta a manutenção nas rotinas de manutenção preventiva, planejamento da rotina e nos sobressalentes. A manutenção precisa ganhar outro olhar nas organizações, estas precisam entender que a manutenção é uma das responsáveis pela rentabilidade da empresa. Ainda há a necessidade de adequação na atitude da gestão das empresas em considerar que na manutenção, assim como na operação, é necessário prever o profissional adequado ao trabalho, o material necessário adequado, os equipamentos e ferramentas adequadas e o tempo adequado para a realização das tarefas. Da mesma forma que para produzir um produto esses elementos são necessários. O planejamento da manutenção é essencial para as companhias e precisa receber melhorias para garantir a eficiência e efetividade da manutenção.

- Tecnologia de automação – este é um aspecto importante abordado por Terry, no seu livro. Com os avanços enormes das tecnologias e as facilidades que temos hoje de utilizar recursos computadorizados, a manutenção tem recursos fáceis para aumentar a predição de falhas através de dispositivos móveis que precisam ser introduzidos e utilizados pelos profissionais da manutenção. As técnicas de manutenção preditivas atuais permitem ao profissional de manutenção ter nas mãos todas as informações em tempo real. Os CMMs (Sistemas computadorizados de gestão de manutenção) precisam ser utilizados para garantir que todas as informações da manutenção estejam disponíveis quando houver a necessidade de coletar e tratar dados.

Uma outra questão colocada por Wireman é que a manutenção deve avaliar a sua capacidade de gerar valor para a companhia e controlar os custos para que torne a companhia mais competitiva no mercado. O gerenciamento de ativos deve ser o foco de qualquer companhia que deseje ser classe mundial no mercado. O principal papel da manutenção neste aspecto a atingir a máxima disponibilidade dos equipamentos a fim de colocar o mínimo de investimento para produzir o mesmo produto ou serviço.

O investimento feito por uma companhia nos seus ativos versus o lucro gerado por esta companhia é medido pelo ROFA (Return on Fixed Assets) ou Retorno Sobre os Ativos Fixos. Este método permite saber quanto de lucro os ativos da companhia estão gerando para esta empresa. A forma de cálculo deste indicador é a seguinte:

ROFA = Lucro Operacional */ Custo de investimento de seus ativos fixos

*Também conhecido como EBIT ou lucro antes dos juros e tributos ou Lucro operacional – é o dinheiro gerado pelas operações da empresa considerando as depreciações e amortizações. Quando vemos a sigla EBITDA esta desconsidera as depreciações e amortizações.

Se colocarmos em um exemplo prático seria:

Lucro operacional ou EBIT da empresa no período = 100.000
Valor dos ativos da empresa analisada = 1.000.000
ROFA = 100.000 / 1.000.000
ROFA = 0,1 ou 10%

Isto significa que para cada real de dívida e capital investido nos seus ativos a empresa tem 10 centavos de lucro líquido.

Outro termo utilizado por Wireman é o RONA (Return on Net Assests) ou Retorno Sobre o Patrimônio Líquido. Este termo permite que a empresa saiba se os ativos estão sendo utilizados de maneira a gerar valor para o negócio, já que mede o desempenho financeiro da empresa. Este número traz o quanto você gera de receita com os ativos que você tem no seu empreendimento. A forma de cálculo deste indicador é a seguinte:

RONA = (Receita ou Faturamento – Custos) / Ativos Líquidos*

Ativos Líquidos* é a soma dos ***Ativos Fixos* da empresa ao ***Capital de Giro*** Líquido.

Ex. Se uma empresa tem ***Ativos Fixos*** no valor de 100.000, e um ***Capital de Giro*** de 10.000 o seu ***Ativo Líquido*** é de 110.000. Lembrando que os ***Ativos Correntes*** menos os ***Passivos Correntes*** é o ***Capital de Giro*** (ou Working Capital).

Se colocarmos em um exemplo prático seria:

Receita = 1 Bilhão
Custos ou Despesas totais = 800 milhões
Ativos Líquidos = 1 Bilhão
RONA = (1 Bi – 800 Mi)/1 Bi
RONA = 200 Mi / 1 Bi
RONA = 0,2 ou 20%

Ainda existe esta outra variação da fórmula que também pode ser utilizada, sendo:

RONA = Resultado Líquido* / (Ativos Fixos + Capital de Giro)

*O numerador desta fórmula nada mais é do que o numerador da fórmula acima já que ***Resultado Líquido*** é igual a ***Receita*** menos os ***Custos ou Despesas***.

Bem, o que não se mede não se gerencia! Certo? Então, para o gestor ter a noção de em que posição ou situação ele se encontra em relação ao mercado ou às boas práticas é necessário que se faça uma análise da situação atual de sua organização na área de manutenção. Para isso, a proposta é a de realizar uma pesquisa nas principais áreas de gestão de manutenção para que se possa atuar na busca pela melhoria na gestão dos itens que necessitem de uma melhor organização e controle. Para isto, segundo Wireman, se faz necessário abordar sobre as seguintes áreas:

Seção 1: Organização da Manutenção
Seção 2: Programa de Treinamento da Manutenção
Seção 3: Ordens de Trabalho de manutenção
Seção 4: Planejamento e Programação da Manutenção
Seção 5: Manutenção Preventiva

Seção 6: Estoque de Materiais e Compras de Manutenção
Seção 7: Sistema de Informações da Manutenção (CMMS)
Seção 8: Envolvimento da Operação
Seção 9: Relatórios de Manutenção
Seção 10: Manutenção Preditiva
Seção 11: Engenharia de Confiabilidade
Seção 12: Práticas Gerais de Manutenção
Seção 13: Otimização Financeira
Seção 14: Melhoria Contínua de Recursos de Ativos
Seção 15: Contratos de Manutenção
Seção 16: Gerenciamento de Documentos

De posse desta pesquisa você poderá avaliar a sua manutenção de acordo com o resultado obtido. O maior resultado possível é de 366 pontos se você já for uma referência mundial em manutenção. A partir do resultado, "mãos na massa"! Debater o que deveria ser feito e em que áreas e criar o plano de ação para evoluir. Plotar os dados em um gráfico de teia e definir metas de alcance de resultados são sempre recomendados para que o time persiga o resultado com uma visão de futuro. Quem não define metas não tem objetivos.

3.7 Gestão de Custos na Manutenção

O gestor moderno de manutenção não mais se preocupa apenas com o quanto ele gasta de manutenção para manter as máquinas e equipamentos operando. Ele está um passo à frente neste quesito. Agora o que é exigido deste gestor é que ele esteja preocupado e fazendo gestão de forma a saber e ter sob controle o quanto a manutenção gera de valor para a empresa. Já não basta saber o quanto se gasta de manutenção, agora é necessário que este gestor tenha em mente o valor atribuído dos ativos da empresa. Então, se você, gestor de manutenção, não tem estes números em sua gestão, considere-se ultrapassado e busque se modernizar.

O mínimo esperado de um gestor moderno de manutenção é saber o quanto há de ativos na organização e quanto estes ativos estão gerando de receita. Tenha sob sua gestão o faturamento, o EBITDA, o capital de giro, o valor do imobilizado da sua empresa, também conhecido como ativo não circulante e ainda na sigla PP&E (Property, Plant and Equipment) e obviamente a produção de sua planta. Saiba a relação de custos versus o imobilizado da sua organização. Este valor é conhecido como RAV (Replacement Asset Value), ou valor para reposição do ativo. Então podemos afirmar que o negócio manutenção precisa ser tratado de forma a trazer resultados para a organização e não mais um simples prestador de serviços. O gestor precisa se posicionar como um empresário que precisa tornar o seu negócio lucrativo e próspero e isto somente será possível se for bem administrado. Controlar custos e garantir o retorno de cada real investido.

		Valores x 1000
Faturamento ou Receita Bruta	R$	1.000.000
Impostos	R$	150.000
Faturamento ou Receita Líquida	R$	850.000
Ebit	R$	285.000
Depreciações e Amortizações	R$	15.000
Ebitda	R$	300.000
Capital de Giro	R$	110.000
Ativo não circulante ou Ativos Fixos	R$	2.750.000
Produção	t	750

Figura 9 - Faturamento e resultados da empresa

Depois que estas informações estão assimiladas é necessário aprofundar nos custos da organização como um todo. Estes dados vão dar a noção de posicionamento da manutenção no negócio como um todo sendo possível, posteriormente, fazer comparações do negócio onde a área de manutenção está inserida. Então é necessário saber o custo total da organização, quais as parcelas de custo fixo e variável e qual o valor gasto com pessoal na organização. Com estas informações será fácil analisar quão competitiva está a sua manutenção em relação ao negócio como um todo.

	Valores x 1000
Custo Geral da Planta	750.000
Custo Fixo	180.000
Pessoal	80.000
Gastos Gerais	10.000
Custo Variável	480.000

Figura 10 - Custos da Planta

A partir das informações de faturamento, custos e resultados gerais da empresa, agora, o gestor do negócio manutenção precisa focar nos resultados mais diretos de seu negócio aprofundado nos seguintes itens:

	Valores x 1000
Custos de Manutenção	165.000
Custos fixos	30.000
Pessoal	25.000
Gastos Gerais	5.000
Opex	65.000
Materiais	25.000
Serviços	40.000
Capex	70.000

Figura 11 - Custos de Manutenção da Planta

Pronto, agora vamos aos indicadores gerais que farão com que o gestor de manutenção possa fazer comparações dos resultados gerados pela manutenção na organização em relação a outros negócios similares do mesmo ramo de atuação da empresa. Uma série de indicadores de manutenção é utilizada pelas empresas, mas os indicadores sugeridos aqui são os principais e que realmente podem ser utilizados para medir o valor que a equipe de manutenção está gerando ao negócio. Não adianta saber somente o que se gasta, mas, sim, o que é gerado de valor a cada real investido na manutenção dos ativos.

Indicadores Gerais		Valores x 1000
Produtividade Geral da Planta	R$/t	1
Produtividade Manutenção	R$/t	0,22
Perda de Produção por Quebra	h	10
Perda de Faturamento por Quebra	R$	16.000
Relação Fixo Pessoal Manut. X Custo Geral da Planta		4,0%
Relação Custo Pessoal Manut. X Custo Pessoal Planta		31%
Custo de Corretiva	R$	15.000
Custo de Preventiva	R$	50.000
Custo de Manutenção pelo Faturamento		17%
Custo de Manutenção pelo Custo Planta		22%
Custo Manutenção (Dolar por toneladas)	USD/t	0,063
RAV		3,45%
ROFA		10,4%
RONA		30%

Figura 12 - Indicadores de resultado da manutenção

Cabem aqui alguns detalhamentos mais aprofundados de cada um destes indicadores sugeridos na tabela acima, sendo:

1. Produtividade Geral da Planta: este valor representa o capital colocado em todas as despesas fixas e variáveis que a planta colocou no site para produzir uma tonelada de produto. Este valor pode ser obtido somando todos os custos e dividindo este pela produção do site. Aqui foi utilizada uma empresa que mede produção em toneladas, mas isto pode ser feito por quantidade de qualquer produto e da forma que esta produção for medida. O objetivo deste indicador é saber o quanto está sendo aproveitado o dinheiro gasto para manter a produção. Considerando os valores das tabelas acima, temos R$ 1.000,00 por tonelada, pois são 750 milhões, dividido por 750.000 toneladas de produtos produzidos.

2. Produtividade de manutenção: este valor representa o quanto se dispende de dinheiro em manutenção para produzir uma tonelada de produto. Aqui o gestor vai poder saber quanto o dinheiro colocado em manutenção está gerando de produto no final da linha. Também é possível comparar a relação ao total da empresa e saber se isto está aceitável ou medidas precisam ser tomadas para aumentar o resultado. A abordagem pode ser feita de duas formas, diminuindo os gastos ou aumentando a produção através da diminuição das perdas causadas pela manutenção.

3. Perda de Produção por quebra: este indicador é muito importante para a manutenção, mas, por vezes, não considerado pelos gestores. Muitas empresas utilizam o indicador de indisponibilidade em percentual, mas qual a informação que efetivamente isto traz ao profissional de manutenção? Falar ao mecânico que estamos com 85% de disponibilidade lhe transmite que dado e que informação? O profissional precisa começar a fazer contas para saber se está bem ou não em termos de resultados. A gestão precisa simplificar as coisas para todas as pessoas da organização. Então ao invés de dizer o percentual, simplifique dizendo: perdemos 10 horas de produção por problemas de manutenção.

4. Perda de Faturamento por Quebra: Já afirmei que percentual de indisponibilidade não traz informação alguma e que as horas perdidas de produção por quebras simplificam o entendimento, mas ainda é necessário informar ao manutentor que perdemos dinheiro deixando de faturar determinado valor devido aos problemas de manutenção. Isto traz a noção

monetária ao funcionário da manutenção, que pode começar a pensar também como um empresário e melhorar a sua consciência a respeito do negócio.

5. Relação Custo Fixo de Manutenção X Custo Geral da Planta: aqui é possível avaliar quanto a equipe de manutenção tem de parcela no custo total do site. Para obter este valor, avalie todos os custos fixos e variáveis da planta em relação ao custo fixo de manutenção. Este valor vai lhe dar a noção de quanto é o percentual para ter uma equipe de manutenção em relação ao total de custos de produção do site. Para obter este valor a partir das tabelas aqui apresentadas basta dividir os custos fixos de manutenção de 30 milhões pelo valor de custos gerais da planta de 750 milhões e teremos os 4% apresentados na tabela.

6. Relação Custo Pessoal Manutenção X Custo Pessoal Planta: neste indicador queremos saber a contribuição do pessoal de manutenção nos custos de pessoal do site. Aqui teremos a noção de quanto colocamos de dinheiro em manter o pessoal de manutenção no site e poderemos buscar alternativas de fazer as manutenções de outras formas e mais baratas para a organização. Nas tabelas apresentadas basta dividir o valor de 25 milhões, que é o valor do pessoal de manutenção pelo valor de pessoal total do site de 80 milhões. Assim, teremos a referência e a noção de quanto dispendemos de dinheiro para manter a equipe de manutenção em relação ao valor de pessoal total da organização.

7. Custo de Corretiva: este indicador já está bem difundido nos meios da manutenção, mas não há como deixar de ser analisado já que é fundamental saber quanto de recursos financeiros estão sendo colocados para corrigir problemas não previstos. Considero aqui a manutenção corretiva como sendo a quebra de manutenção, ou seja, aquela intervenção não prevista e não planejada que parou o equipamento e/ou a planta. Ainda vale ressaltar que mesmo sendo um defeito que estava no radar das equipes de inspeção e manutenção e estava sob acompanhamento, mas que veio a parar deve ser considerado como corretiva.

8. Custo de Preventiva: aqui devem ser considerados os valores de manutenção para executar os planos de manutenção, as rotas de lubrificação, as trocas por tempo de componentes e equipamentos e todas as ações de manutenção que evitam que os defeitos possam surgir. Aqui vale

muito do que vem especificado nos manuais dos equipamentos e do aprendizado de máquina no decorrer do tempo e da experiência de profissionais que sabem os modos de falhas das máquinas em que trabalham.

9. Custo de Manutenção pelo Faturamento: este indicador é bem conhecido das indústrias e existe benchmark em várias entidades de pesquisa que comparam e emitem relatórios de como estão evoluindo os custos de manutenção de vários ramos de negócio no Brasil. Vale lembrar que a comparação simples das informações divulgadas por estas entidades pode levar a conclusões errôneas, já que as métricas de custeio das empresas podem ser bem diferentes uma em relação à outra. Mas, a intenção deste indicador é dar ao gestor o conhecimento de quanto é destinado do faturamento da empresa em manter os ativos em perfeito estado e entregando valor ao negócio. Para obter o valor deste indicador basta dividir o custo total de manutenção pelo faturamento da empresa. Com os valores das tabelas apresentadas temos 165 milhões dividido pelo faturamento de 1 Bilhão, logo um valor de 17%. Vejam que neste valor de 165 milhões considerados aqui, está também incluído do Capex de manutenção e aqui está uma grande diferença entre as empresas onde várias não consideram este valor nas pesquisas de benchmark. Caso, neste exemplo aqui apresentado, excluíssemos este valor, teríamos um valor de 70 milhões, teríamos 95 milhões dividido por 1 Bilhão, então teríamos um percentual de custo de manutenção pelo faturamento de 10%, logo muito diferente do valor anteriormente apresentado incluindo o Capex.

10. Custo de Manutenção pelo Custo da Planta: neste indicador é possível comparar o quanto está sendo dispendido de valor em manutenção em relação ao custo total da planta. No custo total está incluído o custo fixo de despesas gerais, despesas com pessoal e os insumos que são considerados custos variáveis. Neste indicador também é preciso ser cauteloso nas comparações já que podem ser calculados de formas bem diferentes nas indústrias. Aqui é possível ter uma noção exata de quanto de dinheiro se coloca para manter o ativo operando em condições de entregar valor em relação ao custo total do site. Isto permite tomadas de decisões mais assertivas na definição da estratégia de manutenção e de custos. Para os valores apresentados, obtemos Custo de Manutenção pelo Custo da Planta dividindo o custo de manutenção total, incluído o Capex de

manutenção(165 milhões) pelo custo total de 750 milhões. Resultando o valor de 22%. Caso o Capex de manutenção seja desconsiderado, teremos um percentual de 13%, logo, bem inferior ao valor com Capex.

11. Custo de Manutenção (dólar por toneladas): é sempre bom buscar referências internacionais para comparar o nosso negócio e para isto se faz necessário ter o valor do custo de manutenção em dólares para podermos estar atentos à competitividade do negócio no âmbito internacional, principalmente para indústrias que têm clientes fora do Brasil e que precisam se manter competitivas no exterior. Não precisamos detalhar muito já que é uma conta simples. Para obter o valor, basta dividir o valor da produtividade de manutenção pelo valor do dólar. Para os exemplos trazidos neste livro temos o valor de R$220,00 por tonelada, dividido pelo valor do dólar (à época 3,49) obtivemos o valor de US$ 63,00 por tonelada.

12. RAV (Replacement Asset Value): este indicador pode não ser bem conhecido pelas indústrias em geral, mas pode ajudar nas tomadas de decisão de renovação de ativos. O conceito consiste em obter o valor que se está colocando de manutenção em relação ao valor para reposição dos ativos físicos no estado em que se encontram. Isto permite saber se ainda vamos continuar gastando em manutenção ou vamos partir para renovar os ativos com retorno sobre o capital investido. Supondo que o valor do RAV seja de 20%, este valor nos indica que a cada 5 anos gastamos o valor do ativo total em manutenção e não podemos permitir este tipo de dispêndio. Então precisamos mudar a estratégia. Para os valores apresentados nas tabelas de custo neste livro temos o valor de 3,45% de RAV. Isto significa que a cada 10 anos, colocamos aproximadamente 35% do valor dos ativos em manutenção. O valor benchmark deste indicador é de 2%. Ressalto que este valor foi obtido com a soma de Opex e custos fixos de manutenção (65 + 30 milhões) dividido pelo valor dos ativos de 2,75 Bilhões, resultado em um percentual de 3,45%, logo foi desconsiderado o valor de Capex de manutenção já que é um investimento em renovação de ativos. De posse deste valor, o gestor pode tomar decisões estratégicas de políticas de manutenção, de estratégia de renovação de ativos e até mesmo de eliminação de perdas com melhores condições de base dos equipamentos e instalações e de práticas de manutenção e operação destes equipamentos. Pense em ter este valor calculado por máquina, planta ou por equipamentos em sua unidade de negócio e

imagine como será diferente a tomada de decisão na sua gestão.

13. ROFA (Return on Fixed Assets): o retorno sobre os ativos fixos indica o quanto de valor está sendo extraído dos ativos do negócio. Este valor é obtido dividindo o Lucro Operacional ou EBIT pelo Custo de investimento de seus ativos fixos desta empresa. Nos exemplos aqui mostrados temos um ROFA de 10,4% que foi obtido pela divisão do valor de 285 milhões pelo valor dos ativos de 2,75 bilhões. O que afinal isto significa? Significa que para cada 1 real investido nos ativos a empresa tem de retorno 0,10 reais ou dez centavos de real.

14. RONA (Return On Net Assets): o retorno sobre os ativos líquidos é obtido pela divisão do Resultado Líquido pela soma dos Ativos Fixos + Capital de Giro. Basicamente indicam a lucratividade da empresa, logo o profissional de manutenção precisa estar atento para incrementos de capital de giro e de ativos. Mas afinal onde o profissional de manutenção atua no capital de giro? Simples! Basta manter o mínimo de equipamentos reservas no estoque de sobressalentes, manter o mínimo de peças reservas em estoque de almoxarifado e controlar os custos de manutenção já que contas a pagar faz parte do capital de giro. Viu a importância do RONA? Agora basta atuar no seu dia a dia para minimizar estes custos de capital parado e maximizar o RONA. No caso do nosso exemplo nas tabelas obtivemos um valor de RONA de 30% que foi obtido pela divisão do faturamento de 850 milhões pelo denominador composto da soma do capital de giro de 110 milhões com o ativo fixo de 2,75 Bilhões.

Pronto! Agora você está apto a buscar agregar valor através da melhoria na gestão de manutenção com a utilização de indicadores que o ajudarão a fazer análises profundas de resultados no negócio da manutenção, revertendo em ações da manutenção na busca por estratégias sólidas e robustas para aumentar a competitividade de sua organização.

3.8 Liderança Moderna

As empresas modernas já entenderam que os líderes fazem a diferença no atingimento ou não das metas. Manter líderes desenvolvidos em alto nível para jogar o jogo é o que determina o sucesso nos negócios. É diferencial competitivo.

Quando falamos do negócio manutenção precisamos pensar que as faculdades em geral não formam mantenedores e sim engenheiros, administradores, tecnólogos e técnicos. Existem sim alguns cursos formando tecnólogos em manutenção e técnicos em manutenção, mas, em geral, a qualificação em manutenção vem de cursos de extensão ou especialização feitos após a formação acadêmica. Isto traz para a área de manutenção um desafio a mais no momento da contratação e formação destes profissionais.

Em minha experiência, fazendo carreira em uma empresa de grande porte do setor de papel e celulose, tive a oportunidade de vivenciar vários estilos de liderança nas várias passagens que fiz galgando posições dentro desta empresa. Vi líderes extremamente técnicos e sem habilidades com pessoas, vi líderes que não faziam a devida gestão técnica e se importavam muito com as pessoas e vi líderes que jamais deveriam ter sido colocados como líderes, pois não tinham as mínimas habilidades e nem vocação para serem líderes. Sim, vocação! Tenho comigo que isto faz a diferença. Pessoas que já têm em si, de forma nata o viés da liderança, o desejo na alma de liderarem pessoas e processos.

Quando penso a respeito da questão as primeiras coisas que vêm à minha mente são as questões: Quem é a pessoa certa? Qual o perfil desta pessoa? Que habilidades e competências esta pessoa deveria ter? Quais atitudes e comportamentos deveriam ser esperados?

Poucas são as empresas que possuem este tipo de programa de desenvolvimento pronto e rodando com eficácia. Em geral, saímos tateando com planos de treinamento sem muito nexo causal sem as reais necessidades de desenvolvimento focado nas pessoas certas para os lugares certos. Os programas devem ser de desenvolvimento focado e jamais de treinamento; como existe em muitas empresas. É necessário que exista um mapeamento prévio de quais habilidades, competências e atitudes deveriam fazer parte dos cargos de gestão. Estas competências devem estar alinhadas ao cargo. Se, por exemplo, o líder é da área de manutenção, este deve possuir competências que o tornem um gestor de manutenção melhor preparado para esta função específica.

O negócio manutenção exige um programa de desenvolvimento focado e específico para que tenhamos sucesso nesta área; que exige muito do líder moderno. Em geral, a manutenção exige muito dos líderes e estes precisam receber o desenvolvimento adequado para que este negócio tenha sucesso e possa trazer o diferencial competitivo para as empresas.

Afinal, como ter um programa de desenvolvimento de pessoas para assumirem as posições de liderança e garantirem a sucessão dos atuais líderes da manutenção das empresas? Entendo que devemos pensar sempre em três eixos de desenvolvimento de líderes:

- Técnico;
- Comportamental;
- Gerencial.

Estes eixos de desenvolvimento precisam ser equilibrados para que o líder possa atuar o necessário e o suficiente em todos, de forma mais homogênea possível a fim de manter o resultado das equipes em alto nível. O líder precisa manter a sua atuação nas pessoas e nos resultados, garantindo assim a performance do time. Esta questão já é antiga e foi definida e postulada por vários autores ao longo do tempo: Preocupação por Pessoas e Preocupação para o Resultado[4].

O conteúdo deste desenvolvimento precisa ser focado para a função manutenção da empresa. No conteúdo da parcela técnica não estamos falando de formação acadêmica e sim de habilidades que o gestor de manutenção precisa possuir e manter para atuar de forma adequada na gestão de manutenção. Aqui precisamos pensar em quais são os conhecimentos específicos de gestão de manutenção que este gestor precisa ter para atuar de forma adequada na gestão de resultados de manutenção da empresa. Estes conhecimentos passam por conhecer o fluxo de trabalho da manutenção, os indicadores que precisam ser atendidos, os planos de trabalho que precisam ser elaborados e os métodos que devem ser empregados para garantir o resultado.

Uma outra habilidade importante do líder é a relação com os pares e liderados. O líder de manutenção transaciona o tempo todo com várias áreas da empresa. Isto exige deste profissional que tenha habilidades muito apuradas para isto já que precisa estar o tempo todo influenciando pessoas a seguirem determinado caminho para que atinjam um determinado resultado. O conceito de Análise Transacional[5] pode ajudar no entendimento do próprio eu e no melhor relacionamento com as pessoas que interagem entre si.

---

[4] Fonte: Managerial Grid Model from Robert Blake e Jane Mouton (1964)

[5] A análise transacional foi criada pelo médico e psiquiatra naturalizado americano Eric Berne, no final da década de 1950. Trata-se de uma teoria da personalidade e uma psicoterapia sistêmica que tem como objetivo o crescimento e a mudança pessoal.

No quadro abaixo proponho o mínimo desenvolvimento que deveria ser aplicado aos líderes de manutenção das empresas. Esta proposta precisa ser adequada para cada empresa de acordo com as várias formas e metodologias que cada empresa acredita para o desenvolvimento de pessoas. A ideia central é que todos sejam desenvolvidos em conhecimento, habilidade e atitudes (CHA).

Comportamental	Gerencial	Técnico
Atitude prevencionista em segurança com desenvolvimento focado na metodologia Hearts & Minds	Sistemas de informação utilizados na manutenção como CMMS	Conceitos de manutenção como MTBF, MTTR, análises RAM, FMECA, RCM, WCM, WCMM, disponibilidade, OEE e etc.
Atitude prevencionista de desempenho e confiabilidade	Procedimentos internos específicos da manutenção	Normas regulamentadoras e procedimentos específicos do ramo de atuação da empresa
Pensamento estratégico para definição de planos de futuro	Conceitos de estratificação de perdas	Conceitos e teorias de manutenção dos vários estágios de evolução de manutenção (corretiva, preventiva e proativa) e gestão de ativos
Inconformismo com as perdas	Método de resolução de problemas e análises de falhas (Ex. TPM)	Gestão matricial de custos (Ex. Metodologia INDG Falconi GMD)
Pensamento integrado com as demais áreas da manutenção e da empresa	Formação de líderes de melhoria contínua (Ex. Process kaizen Engeneering ou Black Belt)	Gestão por diretrizes (Ex. Metodologia INDG Falconi GPD)
Análises transacionais	Metodologias de desenvolvimento de pessoas (Ex. Coach e Feedback)	Formação técnica específica no ramo das engenharias que estejam preferencialmente alinhadas com o ramo da indústria onde atue
Coaching de Carreira e comportamental com profissionais experientes na carreira	Avaliação de desempenho	
	Ferramentas da qualidade (ex. PDCA, Estratificação, Pareto, causa efeito)	

Figura 13 – As Habilidades do Gestor

De forma geral as empresas formam pessoas de maneira não estratégica e apenas aplicam ondas de treinamento para suprir demandas reprimidas de desenvolvimento. Acredito que isto acontece porque não existe um Pipeline de Liderança desenhado (Ram Charam, 2013) e estruturado nas empresas. Deveria existir de forma clara e exposta na empresa a estrutura organizacional desenhada e destacando de forma aberta o líder e seu sucessor, bem como os papéis e responsabilidades de cada um dentro de suas atribuições. A definição de cargos deveria ser feita pela prestação de contas de um conjunto de resultados. O foco deve ser feito em termos de atingimento de metas. O alto desempenho (Ram Charam, 2013).

Então a proposta de desenvolvimento será sobre a pessoa certa no momento certo. Isto depois da utilização de ferramentas adequadas que destaquem as pessoas que têm o potencial de crescimento ou de transição na estrutura. O plano de desenvolvimento será feito de maneira assertiva com a carga de treinamento focado nas lacunas de baixo desempenho que o potencial sucessor possui. Desta maneira não desperdiçamos energia com as pessoas erradas, que não têm potencial de crescimento ou de transição[6].

O Líder Moderno de manutenção faz com que os pratos sejam equilibrados de maneira suave sem solavancos no dia a dia. O gerenciamento de sua rotina de trabalho é feito de forma harmoniosa e raramente a organização sente diferença no andamento das atividades. Isto se deve ao fato de que este gestor foi preparado antecipadamente ao longo de sua carreira para assumir o papel que hoje ele ocupa e quando assume o novo papel há apenas um curto período de adaptação para que os resultados sejam atingidos. O radar de indicadores proposto para o gestor moderno de manutenção utilizar na sua gestão é composto de 3 áreas:

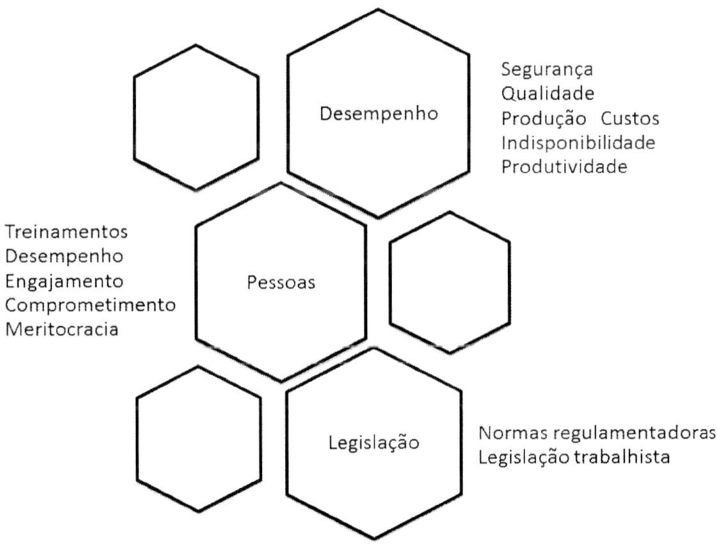

Não posso deixar de falar da gestão de segurança na rotina das empresas já que este assunto deve ser sempre prioridade na rotina das operações. Aliás, já deixou de ser prioridade em muitas empresas e passou a ser tratado como cultura. O desenvolvimento da cultura de segurança é uma habilidade que precisa ser desenvolvida nos líderes de manutenção classe mundial. Não há mais espaço para gestores que não presam a garantia de operações seguras nas empresas.

[6] Definição feita no livro Pipeline da Liderança no capítulo 10.

É necessário que haja interesse genuíno por mudar a forma de agir das pessoas diante dos perigos e riscos trabalhando o comportamento dos funcionários. O líder de manutenção deve buscar seu desenvolvimento para tratar deste assunto de forma a construir resultados robustos e cada dia mais sustentáveis. Uma forma de buscar a excelência em segurança é conhecer e aperfeiçoar métodos de desenvolvimento de cultura de segurança. Um dos métodos que conheço e gosto muito é o Hearts & Minds[7]. O gestor moderno de manutenção precisa ser desenvolvido nesta metodologia de mudança de atitude das pessoas a fim de garantir resultados robustos de segurança das suas equipes.

[7] Hearts&Minds – Ferramenta e técnicas desenvolvidas pela Shell com base em 20 anos de pesquisa universitária. Utiliza uma variedade de ferramentas e técnicas para ajudar a organização a envolver toda a equipe no gerenciamento de SSMA como parte integral de seus negócios.

Capítulo 4

A Proposta

A proposta de trabalho neste livro vem para suprir uma demanda dos gestores de manutenção modernos possibilitando a estes a utilização dos conceitos de EAM (Enterprise Asset Management) ou Gerenciamento de Ativos Empresariais associado aos conceitos da ISO 55000 para que as empresas possam atuar de forma a gerenciar os ativos diminuindo os riscos dos negócios e para que tenham uma linha de atuação da gestão para a futura implantação da norma de maneira mais suave.

O método proposto aqui busca a associação de práticas de gestão de ativos com as melhores práticas de gestão de negócios, projetos e metodologias consagradas como TPM, GPD e GMD, Hoshin Kanri e EAM.

Podemos afirmar que ao final deste livro você estará apto a fazer gestão de manutenção de forma natural e prática integrando os mais modernos conceitos de gestão à obtenção dos melhores resultados que você já teve na sua carreira enquanto gestor.

No diagrama a seguir você será apresentado ao conceito que norteia esta abordagem:

Figura 14 - Conceito de Gestão Moderna de Manutenção

Esta metodologia de trabalho tem por objetivo obter o ***Máximo dos Ativos*** que está no topo da pirâmide. É o máximo esperado do ativo em questão, seja ele qual for; como: uma bomba, um computador, um motor, um avião, um carro ou uma ferramenta simples que precisa ser gerida. Isto é obtido com uma base da pirâmide consistente e adequada para que este resultado seja proporcionado. A base desta pirâmide, por sua vez, precisa garantir que a ***Condição dos Ativos*** esteja adequada através de uma ótima ***Capacidade Operacional*** das pessoas e dos sistemas de manutenção nos vários níveis da estrutura organizacional.

O que envolve a pirâmide são as várias áreas de gestão que o gestor de manutenção precisa garantir na sua rotina. Neste invólucro temos itens imprescindíveis que precisam ser garantidos pelos gestores de manutenção modernos para a obtenção dos resultados esperados.

No centro da pirâmide está a atuação do líder que está no topo da hierarquia organizacional da manutenção e que deve atuar de forma estratégica para integrar todas as áreas de gestão dos resultados, direcionando a atuação de todos na busca da melhor estratégia para a obtenção dos resultados. Isto implica em tomar decisões baseadas numa estratégia muito bem definida com o uso de ferramentas que o auxiliem nas tomadas de decisão sem desvios em relação aos direcionadores estratégicos da manutenção.

Para que a gestão estratégica seja aplicada será necessário que os conceitos de Planejamento Estratégico sejam implementados na rotina da manutenção.

4.1 A Principal Entrega da Manutenção

Estamos, neste livro, fazendo um paralelo da manutenção com o DNA. Neste raciocínio sabemos que cada ser vivo foi feito com um objetivo principal a ser atingido durante o seu ciclo de vida. Quando pensamos assim devemos lembrar que o objetivo principal da manutenção é Obter o Máximo dos Ativos da empresa. Isto é o que a manutenção deve buscar como principal foco do seu trabalho.

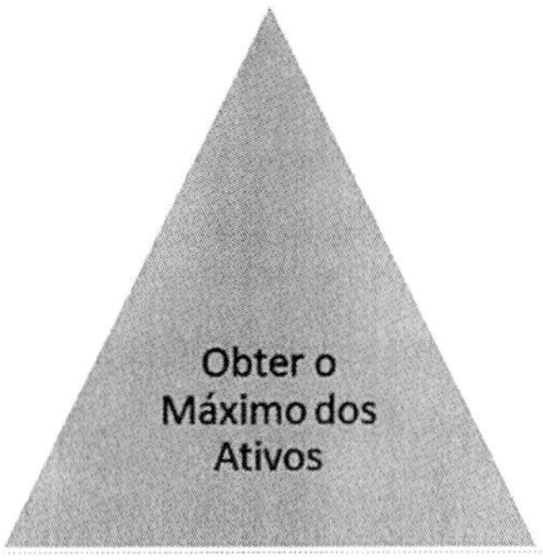

Figura 15 - Obter o Máximo dos Ativos 1

Afinal o que deve ser feito para que isto possa ser realizado?

Primeiro, vamos pensar na base desta pirâmide. Obter o máximo dos ativos sem ***Confiabilidade*** é impossível. Para obter este resultado precisamos que os equipamentos apresentem ***Longevidade*** que somente pode ser obtida com ***Renovação***, seja por manutenção das condições de base ou por um processo de ***Substituição*** das partes do equipamento ou instalação através de um investimento de atualização; também conhecido como Overhaul.

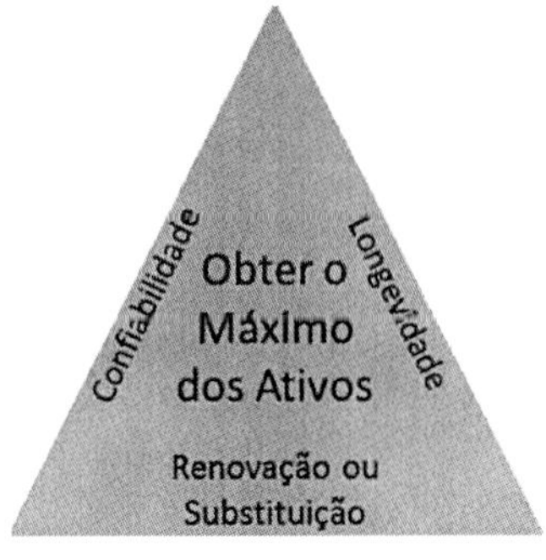

Figura 16 - Obter o Máximo dos Ativos 2

Para suportar a pirâmide da obtenção do máximo resultado dos ativos devemos ter outras duas pirâmides que são: ***Condições dos Ativos*** e a ***Capacidade Operacional***.

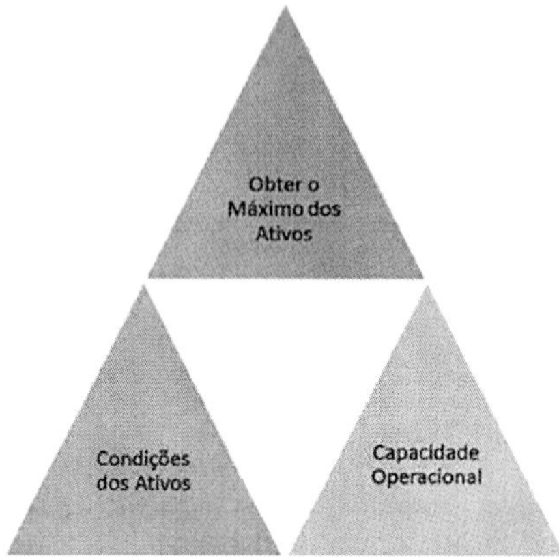

Figura 17 - Suporte para Obter o Máximo dos Ativos

As ***Condições dos Ativos*** deve ser fortemente buscada pelo time de manutenção e de gestão autônoma (Suzuki, 1994) da companhia. Esta é obtida através da definição de uma política de manutenção adequada para cada tipo de instalação e/ou equipamento da empresa. A manutenção deve definir que tipo de manutenção irá adotar para cada tipo de equipamento existente na empresa, sendo: Corretiva, preventiva, preditiva ou manutenção por quebra. E ainda adotar nesta política sob que condições fará a manutenção, ou seja, será por tempo ou baseada em condições? As ***Condições de Base*** dos ativos devem ser buscadas com toda a energia necessária. Se as instalações e equipamentos não estiverem em condições de base (nas condições em que foram projetados) não vai existir a confiabilidade esperada e não será possível obter o máximo do ativo, já que este equipamento não entregará a performance em que foi projetado. O ***Monitoramento e o Histórico de Falhas*** devem fazer parte deste trabalho. Com o ***Monitoramento*** constante e no período adequado podemos obter o diagnóstico da saúde dos ativos da empresa e tomar as medidas necessárias para manter os mesmos nas condições adequadas ao bom funcionamento. Através do ***Histórico de Falhas*** podemos atacar as principais causas de falhas dos equipamentos da empresa e com isto antever as próximas ocorrências tomando medidas preventivas para evitar que equipamentos e instalações similares venham a falhar. A área de preventiva e preditiva da empresa deve ser retroalimentada com estas informações a fim de poder utilizar como forma de evitar recorrências.

Figura 18 - Condições dos Ativos

Outro suporte importante à obtenção do máximo resultado dos ativos é a pirâmide da ***Capacidade Operacional***. Os colaboradores da manutenção devem estar preparados para garantir que todas as atividades realizadas sejam de qualidade e que não haja margem ao fracasso. Preparar pessoas começa por ter as pessoas engajadas na atividade; primeiro pela Atitude certa. Esta preparação das pessoas precisa ser suportada pela área de ***Gente & Gestão*** da empresa. Atualmente não há espaço nas empresas para pessoas que não tenham a atitude correta:

- Atitude de executar suas atividades com segurança,
- Atitude de fazer bem feito uma única vez,
- Atitude de reportar os desvios de condições de base dos equipamentos,
- Atitude de fazer tudo com a máxima qualidade,
- Atitude de obter o máximo desempenho nas suas atividades
- Atitude de querer sempre buscar o máximo resultado para a equipe e para e empresa em que trabalha.

Quando temos as pessoas com a Atitude correta nas equipes torna-se fácil realizar qualquer tipo de desenvolvimento técnico com estes profissionais, já que o primeiro passo foi dado; ter a pessoa engajada na tarefa. Aqui vale lembrar a máxima das áreas de Gente e Gestão: contratamos pela competência e demitimos pelo comportamento.

A ***Capacidade Operacional*** ainda precisa de outros dois elementos: ***Recursos Materiais e Recursos Logísticos.*** Este dois são os elementos que oferecem as condições materiais para os homens da manutenção executarem as suas atividades de forma ergonomicamente correta, ou seja, os homens devem fazer o mínimo esforço possível para a execução de seu trabalho. Para obter esta condição devemos estar atentos aos recursos que cada especialista precisa para executar as suas atividades. Oferecendo as ferramentas adequadas para cada trabalho e os ***Recursos Logísticos*** para a execução da atividade (como andaimes, caminhões, munks, pontes rolantes, pórticos e demais). Ainda há um elemento aqui que precisa ser comentado. A mantenabilidade. O quanto as instalações da máquina permitem que a manutenção atue com facilidade para diagnóstico e/ou execução de tarefas de manutenção dos equipamentos. De modo geral, a Capacidade Operacional é o quanto o time da manutenção tem de capacidade de operacionalizar o que foi definido pela estratégia da manutenção. Afinal, não há estratégia que resista a um time operacionalmente despreparado e/ou sem os recursos adequados à execução de um trabalho com qualidade na resolução dos problemas.

Figura 19 - Capacidade Operacional

Com uma equipe adequada cuidando das condições dos ativos e através do uso de uma estratégia bem definida para a empresa podemos ter sucesso nos resultados do time de manutenção. Faz-se necessário neste momento ter os níveis hierárquicos da estrutura da manutenção integrados de forma que se obtenha o melhor desempenho da gestão; seja nos níveis estratégico, tático ou operacional. Cabe aos líderes destes níveis da estrutura da empresa obter o máximo de cada membro do time.

Afinal; qual é então a principal entrega da manutenção?

A principal entrega da manutenção é a integração de toda esta abordagem com o intuito de oferecer à empresa o máximo resultado com os ativos que ela possui atualmente. A inteligência do time da liderança; no nível estratégico, tático e operacional; em otimizar o uso dos recursos; com o orçamento disponível; através da estratégia definida de forma a ***Obter o Máximo dos Ativos.***

Nos próximos itens deste livro será feita uma abordagem de cada elemento que envolve esta metodologia. Será discutido o modelo que devemos abordar para a boa execução de cada elemento essencial que precisa ser executado para que a estratégia funcione. Estes itens são:

- Confiabilidade
- Planejamento e Programação de Manutenção;
- Gerenciamento da Rotina;
- ERP – Funcionalidade e Utilização;
- Aumento de Performance;
- Gerenciamento de Sobressalentes;
- Estrutura Organizacional;

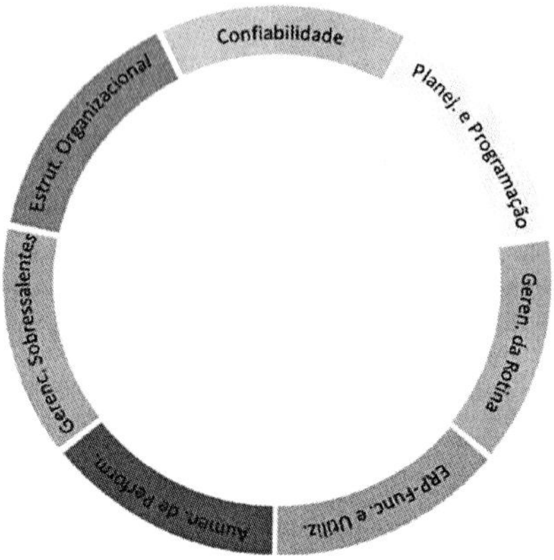

4.1.1 Planejamento de Manutenção

Esta área poderia ser definida como o centro nervoso da cadeia. É por onde deve passar todas as necessidades de manutenção da fábrica e onde são geridas todas as políticas de manutenção dos ativos. Poderíamos comparar com a rede neural do sistema de manutenção. Os profissionais que nesta área trabalham devem ser experientes e conhecer a fundo a estratégia da manutenção e as formas de atuação de cada equipe. A inteligência da manutenção está concentrada nesta equipe. Inteligência no sentido de estratégia, de ataque ou de combate ao inimigo número um da manutenção a indisponibilidade de equipamentos para a produção.

Se o dia a dia da manutenção fosse comparado com uma guerra travada contra a indisponibilidade, poderíamos dizer que o responsável por garantir que a infantaria tivesse todos os recursos necessários para vencer a guerra é a área de planejamento. Estes profissionais devem saber quais são todas as necessidades de recursos e tempos para executar todas as tarefas de manutenção que devem ser executadas, quando podem ser executas e como devem ser executadas.

A metodologia de trabalho desta equipe deve ser baseada no 5W2H. Se o profissional do planejamento, enquanto executando a sua função, garantir que estes questionamentos sejam respondidos, ele terá executado bem a sua função.

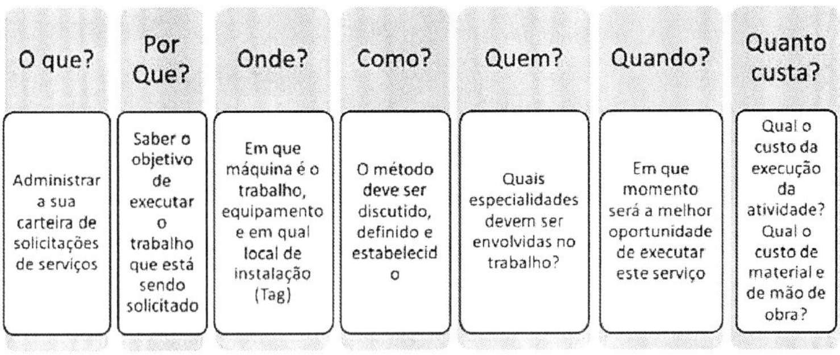

Figura 20 - O 5W2H do planejamento

A teoria de aplicação desta metodologia é simples e fácil, mas na prática exige muita disciplina, organização e controle para manter rodando o ciclo de gestão da rotina de trabalho da manutenção. Para garantir esta organização e controle, o planejamento precisa dividir a gestão em camadas de aprofundamento, ou seja, do macro para o micro. Desta forma teremos: Gestão do dia a dia, gestão do ciclo de paradas mensais e gestão de paradas anuais.

4.1.1.1 O Ciclo de Paradas

Uma das funções do planejamento é gerir o calendário de paradas programadas. Esta é a espinha dorsal desta área. Muitas empresas de processo contínuo enfrentam o problema de concorrer entre parar para manter as condições dos equipamentos e manter a máquina operando. Organização total é a chave. Todos na organização precisam ser sensibilizados de que as máquinas possuem ciclos de funcionamento e existem rotinas que não podem ser executadas com a máquina operando.

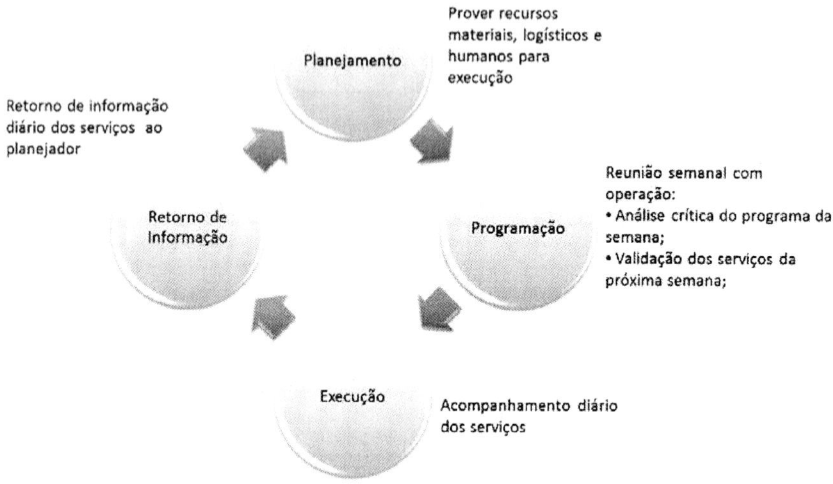

Figura 21 - O ciclo básico de planejamento

Para que uma parada programada tenha sucesso é necessário que a organização e o detalhamento sejam os mais perfeitos possíveis e para que isto aconteça é preciso que profissionais se dediquem exclusivamente para esta atividade. Existe uma sequência de etapas mínimas que precisamos cumprir para que o resultado final seja positivo.

O método de trabalho consiste em gerenciar a rotina das atividades de forma a garantir a execução com prazo, qualidade e custos adequados utilizando ao máximo os recursos disponíveis.

4.1.1.2 Parada Programada

Na gestão de manutenção existem pequenos eventos que devem ser cuidados como a organização semanal das atividades planejadas e programadas e existem médios eventos que precisam ser cuidados. Um dos eventos de médio porte que considero são as paradas programadas setoriais que acontecem normalmente entre 45 ou 60 dias, no caso de plantas em uma grande indústria de produção contínua.

A coordenação de eventos como uma PPM (parada programada de manutenção) setorial exige uma grande organização dos profissionais da manutenção para garantir que tudo seja previsto e organizado garantindo que o evento seja executado dentro do prazo que normalmente é curto. Estamos falando de eventos de horas de duração (entre 12 e 18 horas) onde são executados centenas de trabalhos planejados e programados em milhares de atividades. O volume de profissionais envolvidos em um evento destes costuma ser de aproximadamente 150 profissionais. Já vi programas de paradas setoriais com aproximadamente 1500 tarefas planejadas. Imagine o tamanho da organização para que tudo aconteça dentro do horário previsto e o nível de detalhamento que isto exige dos profissionais.

O ciclo proposto aqui, para este tipo de evento, passa pela realização de cinco reuniões. Cada uma tem seu objetivo e se presta a cumprir uma agenda mínima para que o próximo passo seja dado.

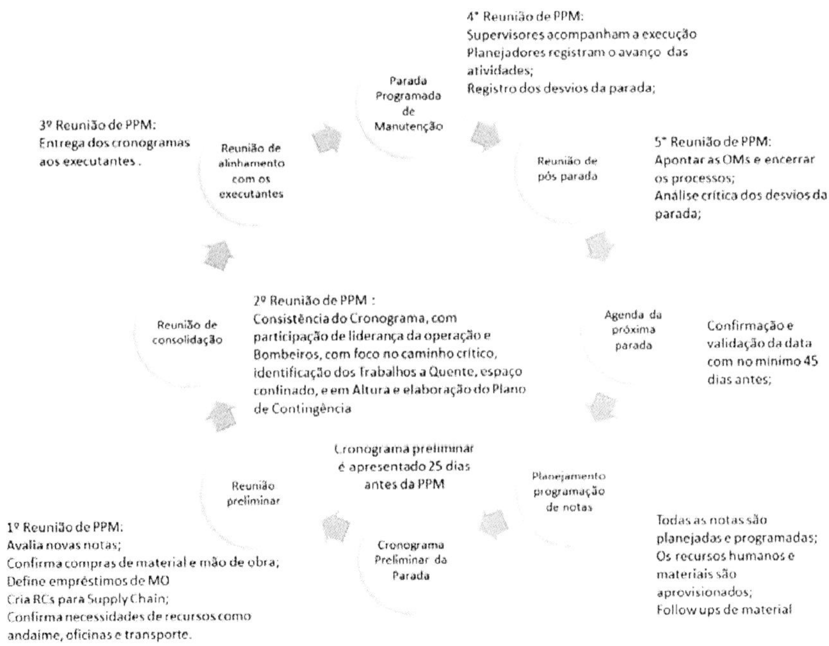

Figura 22 - Ciclo de Reuniões de Paradas Programadas

4.1.2 Gerenciamento da Rotina

A rotina de gestão de manutenção exige do gestor muita disciplina e não é muito simples devido à variedade e complexidade dos temas. Há uma gama de questões que precisam ser cuidadas na rotina que devem ser muito bem organizadas e administradas. Esta rotina passa por gestão técnica, organizacional, gestão de processos e gestão de pessoas.

Na gestão técnica da rotina é necessário cuidar de tudo que está relacionado com a máquina atendida pela equipe de manutenção, começando pelas pendências imediatas que serão expostas na reunião de gestão diária da máquina. Será necessário saber quais as pendências que podem impedir que o resultado das próximas 24 horas seja atingido; após o reconhecimento das pendências serão necessárias a priorização e a definição de o que, quem e quando será executada. Ainda na gestão técnica serão necessários cuidados com os itens de gestão de ordens e notas de manutenção que estão pendentes na máquina, as rotas de inspeção e os planos de manutenção, as listas de peças sobressalentes e equipamentos e a gestão de planos de ação de prontidão para suportar a possível execução emergencial de itens que podem causar paradas de máquinas.

Na gestão organizacional é necessário garantir que tudo que foi definido como método de trabalho da equipe esteja sendo cumprido. A rotina de segurança, a garantia da qualidade de execução, os conceitos de organização e limpeza, a interface entre áreas como planejamento e execução, o cumprimento dos padrões de qualidade das informações e a execução do planejado. Existe uma série de definições que devem ser feitas para que a organização manutenção funcione adequadamente e na melhor uniformidade possível. Tudo precisa ser garantido para que seja uma operação suave e contínua.

Na manutenção existem muitos processos que precisam ser definidos e seguidos para que o negócio funcione adequadamente. A quantidade de processos é enorme e exige alta disciplina e organização para que sejam cuidados adequadamente. Dentre os processos podem ser citados:

- Fluxo de notas ou solicitação de serviços de manutenção;
- Fluxo de ordens de serviço de manutenção;
- Gestão de custos de manutenção OPEX;
- Gestão de investimentos de manutenção CAPEX;
- Gestão de paradas setoriais e anuais;

- Gestão de segurança;
- Gestão de informações técnicas
- Gestão de perdas e de análises de falhas;
- Gestão de sobressalentes;
- Gestão de equipamentos reservas;
- Gestão de revisão de equipamentos;
- Gestão de grupos de perdas;
- Gestão de ferramentas e dispositivos;
- Gestão de backlog, notas e ordens;
- Gestão execução do planejado x atendimentos emergenciais;
- Gestão de desenvolvimento de pessoas;

Nada seria possível se as pessoas diante dos processos não estiverem preparadas para atuar de forma adequada. Para que isto seja garantido é necessário que na rotina das equipes exista uma avaliação da atuação de cada indivíduo de forma a sabermos quem está remando para frente, quem não está remando e ainda quem são aqueles que estão remando para trás. Então deve fazer parte do trabalho do gestor identificar estas pessoas, identificar o motivador desta atitude e reverter o cenário. Caso este trabalho não seja feito, não há equipe que consiga entregar o resultado esperado de alta performance exigido atualmente. Não podemos mais aceitar pessoas que não estão engajadas com a causa da alta entrega e alta performance.

A gestão da rotina tem alguns ciclos de gestão do micro para o macro que serão abordados na sequência, indo do ciclo de 24 horas até o ciclo anual.

4.1.2.1 A Rotina Diária

A rotina de gestão diária da máquina deve ser praticada de forma a garantir que todas as causas de perdas sejam tratadas. Segundo a metodologia TPM existem 10 grandes perdas que devem ser tratadas para atingir zero perda e zero defeito, sendo:

1. Perda por falha no equipamento
2. Perda por falha no processo
3. Perda por ociosidades e pequenas paradas
4. Perda de velocidade
5. Perda por defeito no processo
6. Perda de partida e de rendimento

7. Perda de energia
8. Perda por defeito em qualidade
9. Perda por vazamento e derramamento
10. Perda por trabalho manual

A forma como a reunião deve ser feita exige método e organização. Algumas empresas possuem sala específica para conduzir as reuniões diárias. Nesta sala estão todos os indicadores de desempenho da máquina em questão e todos são avaliados e atualizados diariamente pelo grupo que participa da reunião. Os indicadores de desempenho, segundo a metodologia TPM, podem ser divididos da seguinte forma:

1. P (Produção)
    a. Produtividade de trabalho aumentada
    b. Produtividade de equipamento aumentada
    c. Produtividade de valor-agregado aumentada
    d. Rendimento de produto aumentado
    e. Taxa de operação da fábrica aumentada
    f. Número de empregados reduzido

2. C (Custo)
    a. Horas de trabalho de manutenção reduzidas
    b. Custos de manutenção reduzidos
    c. Custos de recursos reduzidos (consumo unitário diminuído)
    d. Economia de energia (consumo unitário diminuído)

3. S (Segurança)
    a. Número de quebras acidentais reduzido
    b. Número de outros acidentes reduzido
    c. Eliminação de incidentes de poluição
    d. Grau de melhoria nos requisitos ambientais estatutários

4. Q (Qualidade)
    a. Taxa de defeito de processo reduzida
    b. Reclamações de clientes reduzidas
    c. Taxa de refugo reduzida
    d. Custo de contramedidas de qualidade-defeito reduzido
    e. Custos de reprocesso reduzidos

5. D (Entrega)
    a. Entregas atrasadas reduzidas
    b. Inventários de produtos reduzidos
    c. Taxa de giro de inventário aumentada
    d. Inventário de partes sobressalentes reduzida

6. M (Moral)
    a. Número de sugestões de melhoria aumentado
    b. Frequência de atividades de pequenos grupos aumentada
    c. Número de papéis de lição de um-ponto aumentado
    d. Número de irregularidades detectadas aumentado

O grupo deve ser multiespecialidades para que se tenha propriedade sobre os seis grupos de indicadores apresentados acima, logo; operação, manutenção, segurança, qualidade, programação de produção e controle são necessárias nesta reunião.

Todos os indicadores devem ser atualizados em relação às últimas 24 horas. É necessário que existam metas diárias para que os desvios sejam confrontados com as metas e analisados. As análises devem ser feitas com a utilização das ferramentas da qualidade e um plano de ação único da máquina em análise precisa ser gerado e controlado diariamente.

A manutenção precisa ter a sua rotina implantada para atender a esta demanda diária da máquina. A reunião de gestão diária deve contar com a presença do assistente técnico da manutenção, supervisores e/ou técnicos especializados.

Este diagrama ilustra de forma simples a rotina de 24 horas das equipes de manutenção.

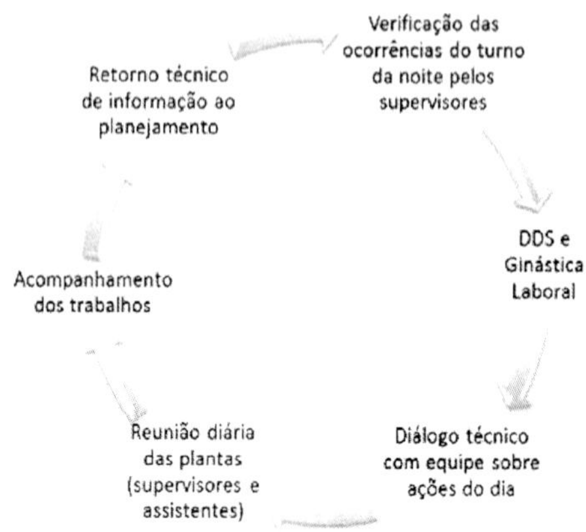

Figura 23 - Ciclo da rotina diária

A manutenção tem papel fundamental no resultado global da empresa e por este motivo precisa gerenciar com muita energia as ações que resultam na manutenção das condições operacionais das máquinas; garantindo a continuidade operacional e a qualidade dos produtos da empresa.

4.1.2.2 A Rotina Semanal

O volume de informações que precisam ser gerenciadas na manutenção é muito grande e por este motivo precisa existir uma rotina que envolva todos da equipe desde o nível 1 das equipes até os supervisores e coordenadores. Devido a este volume de informações a comunicação é de fundamental importância. Não adianta despender esforços de organização e planejamento se estas informações não chegarem a quem tem a necessidade de executar o que foi planejado.

Imagine a seguinte situação: a nota de manutenção (solicitação de serviço) é expedida e o planejador de manutenção deve tratar esta solicitação. Este profissional especializado, que conhece como ninguém a rotina e a forma de executar o trabalho, despende horas para planejar a execução de uma atividade. Depois do planejamento, o trabalho é programado para a execução e o supervisor deve receber todas as rotinas que precisam ser executadas. Em seguida, a necessidade chega às mãos do profissional que vai executar o trabalho. Caso o ciclo de comunicação não seja feito de forma adequada os detalhes necessários não vão estar disponíveis ao profissional e isto com certeza vai causar uma perda de qualidade de execução e riscos de causar um retrabalho ou até mesmo uma perda maior de disponibilidade e qualidade ao produto da máquina que sofrerá a intervenção.

A qualidade do planejamento pode ser medida com uma auditoria na execução dos trabalhos executados. A maioria dos profissionais da área de planejamento tem dificuldade de colocar tudo que pensou, na etapa de planejar, no sistema de controle da manutenção. Se existe dificuldade de procedimentar e colocar no sistema a comunicação que deveria ser escrita torna-se verbal e é neste momento que a maioria dos profissionais falha. Nossa comunicação é muito falha e precisamos investir todos os recursos para que ela se torne a mais clara possível.

Vejo com muita frequência a manutenção investir energia em planejar e quando chega o momento de executar a operação da máquina não libera o equipamento para a intervenção. Quando isto acontece fica comprovada a ineficiência do planejador e ou do sistema de planejamento. Por qual razão o profissional investiu tempo, conhecimento técnico, recursos foram alocados (como andaimes) e, muitas vezes, materiais foram retirados do estoque e no momento da execução não foi possível disponibilizar o equipamento para a execução? De quem é o problema? Quem falhou? A resposta a estas e outras questões somente é possível se existir uma análise crítica do andamento dos trabalhos programados para a semana corrente e a discussão dos trabalhos que deverão ser executados na próxima semana.

O sistema que proponho é o seguinte: Reunião de planejamento semanal todas as quintas-feira juntamente com a operação para definição dos trabalhos da semana. Todas as especialidades da manutenção participam representadas pelos planejadores, supervisores, assistentes e coordenadores. O sistema de controle semanal envolve a análise dos indicadores de planejamento, a análise crítica da semana corrente e a apresentação da semana posterior. Todos precisam explicar o motivo da não execução do planejado e cada desvio precisa compor o plano de ação da máquina em questão. Na apresentação do programa semanal da próxima semana todos precisam tomar conhecimento do que vai ser executado e validar se pode ou não ser executado. A operação deve saber em detalhes através do planejador o que precisa ser liberado; como: tanques, bombas, refinadores, e se é possível a liberação de tal equipamento. Nada pode ir ao programa sem que tenha sido avaliado por todos. A meta é de executar 100% do que foi programado, somente assim a manutenção poderá ser eficiente.

Figura 24 - Ciclo da Rotina Semanal

Como sugestão de modelo de plano de ação não há ferramenta melhor que o 5W2H. Em todas as reuniões semanais o plano precisa ser consultado e os responsáveis precisam justificar as pendências não executadas.

4.1.2.3 A Rotina Mensal

A rotina mensal deve consolidar as várias atividades de análises diárias e semanais e avaliar criticamente o resultado do mês de forma, a saber, qual foi o impacto da manutenção no resultado operacional da máquina. Esta reunião mensal deve ter um formato objetivo e prático focado nos principais indicadores controlados pela manutenção.

Existem 3 grandes grupos de perdas que contribuem para o não atingimento do resultado operacional (OEE – Eficiência Global dos Equipamentos) das máquinas, sendo: Perdas por qualidade, perdas por performance ou velocidade e perdas por indisponibilidade dos equipamentos. A análise crítica mensal deve focar em analisar as perdas que a manutenção proporcionou ao rendimento global da máquina.

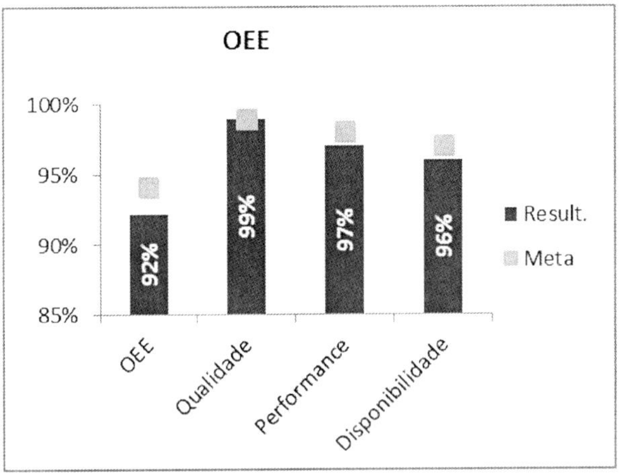

Figura 25 - Gráfico de perdas OEE

Os principais indicadores devem ser eleitos de forma a cumprir o papel de representar o resultado da manutenção. Dentre eles podem ser analisados:

1. Indisponibilidade em horas ou minutos por especialidade da manutenção (mecânica, elétrica, instrumentação ou automação);

2. Redução de velocidade causada por problemas em equipamentos;

3. Perdas de qualidade devido a problemas em equipamentos;

Para aprofundar de forma consistente na análise cabe abrir as perdas por parte de máquina, por exemplo. De posse desta informação é possível direcionar esforços e energia para resolver o gargalo de uma determinada parte da máquina e aumentar o resultado da disponibilidade aumentando assim a eficiência global da máquina e com isto o seu resultado.

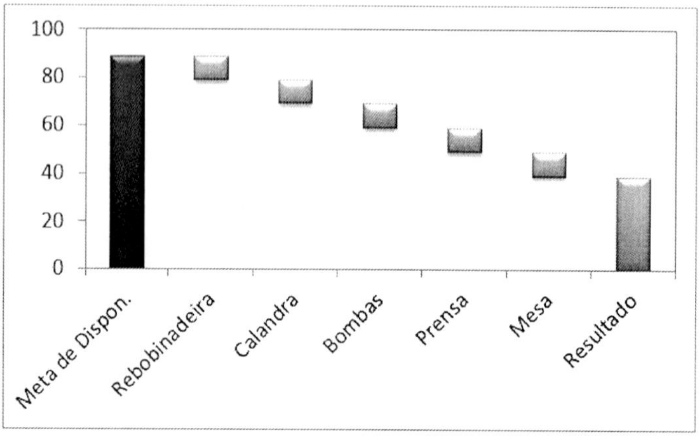

Figura 26 - Gráfico de ponte com as perdas

A manutenção ainda precisa analisar os seus indicadores de performance que garantem e sustentam o resultado da performance da máquina. Estes podem ser indicadores de rendimento e desempenho das equipes ao desempenhar as suas atividades rotineiras. Dentre estes indicadores podem ser citados:

1. Números de notas (solicitações de manutenção) executadas por equipe;
2. Cumprimento dos planos preventivos;
3. Número de horas trabalhadas versus horas disponíveis por funcionário ou equipe. Pode ser traduzido como percentual de ocupação dos funcionários, também conhecido como Tool Time;
4. Back log de manutenção em horas;
5. Custo de manutenção por tonelada produzida ou por unidade produzida;

4.1.2.4 A Rotina Anual

Anualmente a manutenção deve traçar os planos de trabalho para o próximo ano. Isto deve ser feito com base nas perdas relativas ao ano corrente, nos novos métodos introduzidos no ano corrente, nas deficiências levantadas e nos objetivos futuros.

As metas devem ser traçadas com objetivos comuns entre gerência de manutenção e objetivos da empresa. Não há como a organização ter metas de aumento de produção sem a manutenção entregar a disponibilidade necessária ao cumprimento de tal objetivo. O planejamento anual das metas deve começar pela análise das perdas do ano corrente.

Unidade produtiva	Resp. pela Perda	Disponibilidade Meta	Disponibilidade Real	Qualidade Meta	Qualidade Real	Perfomance Meta	Perfomance Real	Total de Perda (h)
A	Operação	100	120	40	50	8	10	180
	Manutenção	80	96	45	35	10	12	143
B	Operação	100	110	20	25	4	5	140
	Manutenção	120	130	35	45	7	8	183
C	Operação	90	90	35	32	15	18	140
	Manutenção	120	150	20	23	20	25	198

Tabela 3 - Comparação da meta com o resultado realizado

A partir da análise das perdas pode-se concluir que existem oportunidades de planos de trabalho para que as metas sejam atingidas. O responsável pela meta deve, junto com o seu time de trabalho, traçar planos de ação para cumprir as metas e com isto entregar à organização a sua parcela de responsabilidade para o atingimento da meta global de produção da unidade produtiva.

Neste caso é obrigatória a apresentação de um plano de ação pelos responsáveis de operação e manutenção da unidade produtiva A para o atingimento da disponibilidade, para o caso da qualidade o responsável pela operação precisa apresentar plano de ação e, no caso da performance, ambos precisam apresentar plano de ação, operação e manutenção.

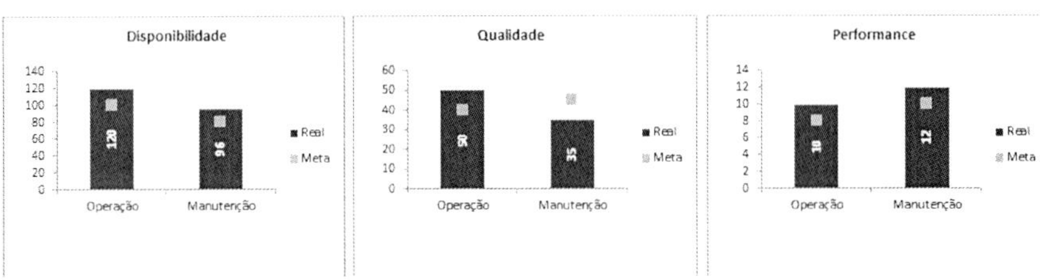

Figura 27- Gráficos de metas x resultados da unidade produtiva A.

Quando a manutenção tem a sua rotina implantada e em bom funcionamento fica fácil organizar o plano anual de trabalho. Com todos os dados organizados diariamente, a composição dos dados anualmente é uma simples tarefa. O que se observa em muitas empresas é que quando chega o momento de fazer o planejamento anual não existem dados, não existem planos e não existirá planejamento do futuro sem analisar e entender o passado. O esquema abaixo ilustra a rotina da manutenção de forma sintetizada com o olhar para o momento atual buscando o plano anual.

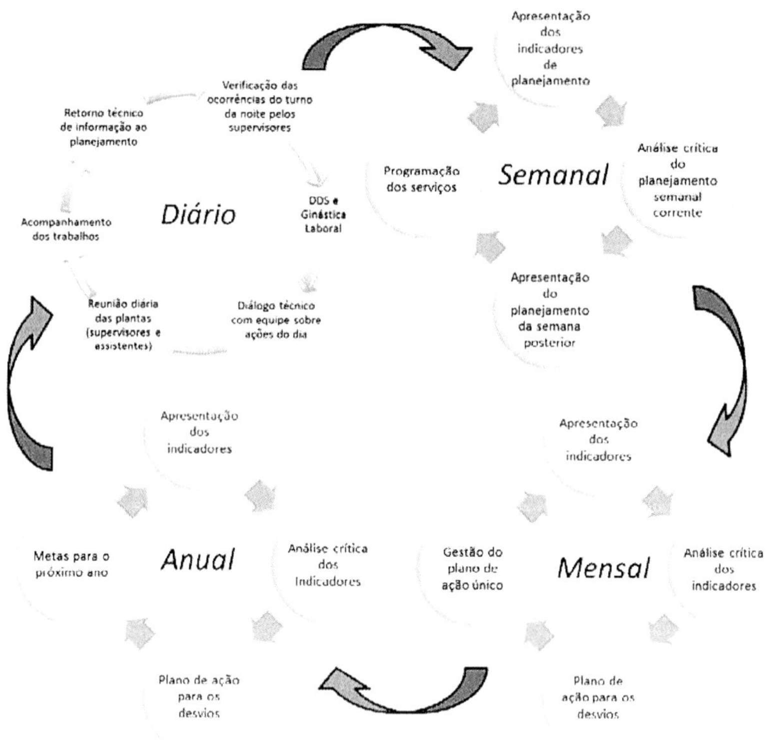

Figura 28 - Ciclo de gestão anual

A estratégia consiste em aprender com o passado, realizar no presente e mudar o futuro da organização através de bons planos de ação para a eliminação das perdas relativas aos problemas que resultaram no fracasso da organização.

4.1.3 Aumento de Performance

Além do principal objetivo da manutenção que é a disponibilidade e posteriormente a isto a confiabilidade, o gestor moderno de manutenção precisa pensar em ganhar performance nas atividades que desempenha no seu dia a dia. Quando o gestor de manutenção fala em performance em geral pensa em performance da máquina nas quais a manutenção presta serviços. Então como deveríamos tratar deste assunto na manutenção atual?

A performance da manutenção deve ser pensada em termos de resultados de sua atuação nas práticas do dia a dia, ou seja, como fazer cada vez mais com menos recursos. Como fazer melhor com menor tempo e com menores despesas. O gestor de manutenção atual precisa buscar formas de atuar na sua rotina otimizando os recursos que tem a sua disposição.

Sempre que penso neste tema lembro da fórmula 1. Assisto a alguns vídeos antigos na internet da troca de pneus e abastecimento nas corridas das décadas de 70, 80 e 90 e vejo as atuais trocas de pneus e fico pasmo com a evolução das equipes de manutenção desta emocionante e envolvente modalidade esportiva. Como puderam evoluir tanto assim? Como fizeram este processo evolutivo? Fico a pensar e chego à conclusão pura e simples que tem muito trabalho dedicado e exaustivo de análise, tomada de decisão e criatividade. Fazer melhor e diferente todos os dias.

O gestor de manutenção moderno precisa ter na sua rotina de gestão do dia a dia os seguintes temas:

- Produtividade – quando falamos em produtividade nas fábricas de capital intensivo, principalmente, geralmente pensamos em produção de toneladas de produtos ou em quantidade de produtos por funcionário. Isto porque quando falamos em produtividade ligamos o tema ao benchmark que vemos entre os países e constatamos que a produtividade é muito ruim, mas não é exatamente este caso aqui. Falamos de produtividade nas tarefas e manutenção e não de produção de produto acabado por pessoa. Em manutenção temos de nos atentar que a produtividade tem outro enfoque. Pense que você tem uma equipe com capacidade atual de executar uma atividade (notificação ou ordem de manutenção) por dia, por manutentor. Isto é uma forma de medir a produtividade da manutenção. Existem várias outras formas e cada empresa deve buscar a sua para medir e criar planos de ação para maximizar o resultado.

- Capacidade de redução de backlog – esta pode ser uma outra forma de medir a performance da equipe de manutenção. A capacidade de remover o backlog de manutenção comparado com outras equipes da própria empresa ou com equipes de outras empresas de mesmo ramo de atividades.

- Custo específico – o custo específico é uma forma de medir a performance de manutenção que pode ser utilizado no dia a dia do gestor de manutenção. Este indicador de performance deve ser utilizado de modo a comparar o quanto de produção se faz no site para cada manutentor do quadro fixo da empresa. Desta forma, poderemos saber se o número de manutentores está ou não adequado quando comparado a outras empresas de características parecidas.

- LCC – a performance de manutenção também pode ser medida a partir do custo de manutenção no ciclo de vida de determinado equipamento. Se soubermos o quanto de manutenção estamos colocando em cada equipamento ao longo da vida útil deste equipamento poderemos saber se estamos cuidando bem da vida deste ativo ou não. Desta forma, poderemos fazer diagnósticos mais precisos da qualidade da manutenção e até mesmo da qualidade de vida de determinado ativo.

- Horas de paradas programadas versus horas de quebra – nas indústrias de capital intensivo uma hora de máquina parada causa um prejuízo enorme e isto deve ser objeto de análise das equipes de manutenção. Cada hora evitada de parada é dinheiro que se deixa de perder. Quando se compara a perda de produção versus o custo de manutenção sempre será vantagem gastar em manutenção, porém o gestor deve sair desta armadilha. Sempre busque o menor tempo de paradas e o menor custo de manutenção. Busque o menor tempo de quebras em relação ao tempo de paradas programadas. Sempre será melhor fazer uma bela parada programada de 10 horas ao invés de uma quebra de 5 horas. A performance de manutenção será sempre melhor em paradas programadas.

- Retrabalhos – a qualidade de execução das atividades de manutenção é a coroação de todo o trabalho que foi feito de planejamento, programação e preparação das atividades que precisam ser executadas. É na

> execução que provamos o nosso valor enquanto manutentores. Já assistiu aquela corrida que a troca de pneus não foi bem-sucedida? Então, na manutenção da indústria deveria ser a mesma coisa. Não podemos jamais admitir o erro na execução, pois é na execução que ganhamos a corrida. Não adianta de nada toda a estratégia ter sido pensada e executada se no momento da execução da manutenção o manutentor errou. Invista tempo e dinheiro na qualidade do seu manutentor que você verá o aumento de performance de sua empresa aumentar todos os dias.

Com os indicadores de performance definidos e implementados o gestor tem a missão de buscar as melhores práticas existentes no mercado para aumentar a performance de suas equipes na gestão dos ativos industriais da empresa. A forma de fazer isto sempre deve ser a forma mais simples possível e não existe nada mais simples que um belo PDCA e um belo 5W2H. Busque fazer debates sobre a performance de manutenção com base nos seus indicadores definidos. A partir deste ponto ficará fácil e simples definir o início do trabalho e os planos de ação virão naturalmente a partir dos debates com seus líderes.

Tenha em mãos as principais atividades que seu time executa no dia a dia e possua um plano de ação para fazer cada dia melhor e com menos recursos. O que isto significa? Simples! Significa você fazer como na fórmula 1. Tenha os melhores profissionais com as melhores técnicas e as melhores ferramentas para que você execute as principais atividades no menor tempo possível. Faça uma análise de Pareto e obtenha as atividades com a maior frequência e as que necessitam de maior tempo de execução. Isto deve ser feito para a rotina e para as paradas programadas. A partir disto estabeleça metas de tempo de execução para que se possa acompanhar e padronizar os tempos de execução. Outro ponto importante e pouco explorado pelas equipes de manutenção são os dispositivos e ferramentas necessárias para a execução das atividades. Vejo com muita frequência o manutentor soltando dezenas de parafusos com chaves manuais enquanto poderia utilizar uma ferramenta elétrica onde ganharia muito tempo. Vejo várias equipes de manutenção se utilizando de andaimes para remover equipamentos quando poderia instalar pórticos móveis e economizar tempo e dinheiro da empresa. Isto precisa mudar nas práticas de manutenção atuais. Não podemos admitir que ainda estejamos na idade da pedra enquanto assistimos quase todos os domingos na TV as equipes de fórmula 1 batendo recordes atrás de recordes de trocas de pneus.

4.1.3.1 Execução

Quando penso na execução da manutenção, penso logo em um soldado na frente de batalha. Talvez seja uma comparação um pouco exagerada, mas é assim que penso. Falamos neste livro que o planejamento de manutenção é o centro nervoso e que existe uma guerra sendo travada no dia a dia contra o inimigo número um da manutenção que é a quebra. Então precisamos garantir que todos os recursos estejam disponíveis para este soldado e que este homem esteja preparado para combater o inimigo.

Muitas vezes me deparei com uma bela estratégia, um belo planejamento e uma programação excelente e o resultado não foi atingido. A parada atrasou, a qualidade não foi adequada e o manutentor se machucou. Isto acontece com uma frequência não muito baixa nas rotinas de manutenção de grandes paradas e até de paradas setoriais. Mas ao que se atribui este fracasso já que atingir resultado é uma das maiores satisfações do ser humano? Parafraseando Falconi no livro O Verdadeiro Poder, ele afirma o seguinte:

Falhamos por quê:

1. Não colocamos as metas certas;
2. Não fazemos bons planos de ação, seja porque desconhecemos os métodos de análise, seja porque não temos acesso às informações necessárias (falta de conhecimento técnico).
3. Não executamos completamente, e a tempo, os planos de ação.
4. Podem ocorrer circunstâncias fora do nosso controle.

Atrevo-me a colocar mais um item nesta lista que seria não comunicamos bem os objetivos e metas a serem atingidas e com isto menosprezamos as pessoas. Sim, menosprezamos, já que achamos que os objetivos e metas devem ser única e exclusivamente dos líderes; como coordenadores e engenheiros e no máximo dos supervisores. Tenho uma notícia para lhe dar. Sem envolver e engajar os executantes da estratégia, a sua estratégia não passa de um pedaço de papel. Como você vai atingir o resultado de cumprimento de tempo de paradas programadas se quem vai executar os trabalhos de trocar os equipamentos que estão no escopo desta parada não está envolvido e engajado?

Então é necessário que depois de definir a estratégia de parada, planejar e programar se faça a boa conversa com as pessoas que vão executar o que foi planejado e programado. Aliás, o ideal é já envolver o executante na etapa de planejamento e estratégia de execução. Muitas vezes o planejador pensa de um jeito e o executante faz de outro devido a esta falta de comunicação. Sequer chega ao executante o que sai da cabeça do planejador e isto acontece com muita frequência. Pode acreditar. Existe uma sequência de execuções que na execução não é seguida; e isto atrapalha toda a estratégia e compromete o resultado.

O primeiro passo no envolvimento e engajamento da execução na estratégia é comunicar bem a estratégia. Sabe quando comentei que no planejamento estratégico da manutenção é necessário ***Declarar a Estratégia***? Começa por aí. Depois disto é necessário que a execução de manutenção conheça as metas da manutenção da fábrica (Metas Globais), da máquina onde ele atua e da especialidade a que ele pertence. Como fazer isto? Gestão à Vista.

Neste modelo simples proposto aqui, temos:

1. Os membros do time de manutenção que atuam na máquina em questão;

2. A descrição das áreas que estes membros atendem. Isto precisa ficar bem claro. São manutentores que atuam na máquina X, nas especialidades de cada time. Aqui é importante colocar algumas informações importantes da máquina como a qualidade de TAGs, a quantidade de equipamentos, a capacidade de produção, os produtos, os clientes destes produtos e tudo mais que possa situar a pessoa e dar um propósito a ela. Eu cuido de uma máquina que faz o produto tal e este produto é vendido para fazer aquele outro produto.

3. Mostrar as metas globais da organização, da fábrica e da manutenção são imprescindíveis para que a pessoa possa ver qual o objetivo de seu trabalho.

4. E logicamente que os resultados devem ser expressos da mesma forma que nas metas. Aqui a pessoa verá o resultado de seu trabalho.

5. Resultados de produção da máquina contra a meta num gráfico simples diário no mês corrente e mensal no ano.

6. Resultados de manutenção da máquina por especialidade da manutenção num gráfico simples, mas aqui num gráfico diário e mensal colocar as lacunas com explicações dos motivos dos não atingimentos da meta de produção com os motivos de manutenção. Ex. no dia 15 a meta não foi atingida devido uma quebra de um motor da posição X e já com o número da ficha de análise quebra anexo. Aqui é fundamental estar anexa a Matriz X da máquina em que este grupo de profissionais atua. Esta pode ser feita por especialidade ou de todas as especialidades da máquina.

7. Mostra a produtividade da equipe. Aqui seria a capacidade de manter o Backlog baixo, quantas notas estão pendentes na carteira, quantas ordens são executadas por manutentor, a quantidade de notas de rotina e de parada, a quantidade de retrabalhos, a capacidade de analisar as quebras e demais que sejam pertinentes.

8. E por fim, como estão as habilidades dos manutentores da equipe. Quais os treinamentos pendentes que precisam ser feitos.

O resumo disto tudo é que os profissionais de manutenção precisam conhecer a máquina onde atuam como se fosse o seu carro ou a sua motocicleta. Lembra do assunto da confiabilidade? Então, aquilo que você conhece pode confiar. Ele precisa saber contar em detalhes os motivos dos insucessos de sua equipe e saber os planos de ação que estão sendo tomados. E através da Matriz X este profissional sabe com exatidão onde ocorrem os problemas na sua máquina e pode dar energia de inspeção necessária para prevenir as quebras.

Agora que já temos o profissional envolvido e engajado devemos trabalhar nas habilidades deste para executar com qualidade todas as atividades de manutenção que serão exigidas dele. O método aqui sugerido consiste nas seguintes etapas:

1. Listar todas as atividades que o profissional precisará executar como substituir o motor, o disjuntor, o relé, a bomba ou o redutor;

2. Para cada atividade listar as tarefas que serão necessárias para executar esta atividade que para o caso do motor poderia ser: Retirar a proteção do acoplamento; soltar e retirar o acoplamento, desligar eletricamente o motor, soltar e retirar o motor da base, retirar o acoplamento do eixo, montar o acoplamento no motor novo, colocar na base o motor e fixar, acoplar o motor, alinhar o motor com a bomba e montar a proteção.

3. Após esta etapa será necessário validar e aprovar o procedimento e registrar no sistema de gestão de manutenção e de gente e gestão da empresa.

4. Devemos agora montar uma matriz informando quais os cargos e profissionais deverão ser treinados e registrar no controle de treinamentos da empresa.

5. A próxima etapa será a de treinar os profissionais que executarão esta atividade. Esta etapa envolve alguns passos, sendo:

    a. Treinar on-the-job o profissional no procedimento. Aqui o profissional acompanha quem sabe fazer ou fazer com o auxílio de seu supervisor ou de alguém que seja capaz na execução.

    b. Avaliar o profissional na execução da atividade. Nesta etapa, o profissional faz sozinho e é avaliado se está apto ou não para fazer a atividade. Caso aprovado, o profissional será considerado apto para a execução.

Para todas estas etapas do processo são exigidos vários documentos e padrões que precisam ser elaborados e definidos para que se possa fazer com qualidade todo o processo. A etapa de avaliar e validar, por exemplo, exige um check list para pontuar se o profissional tem o conhecimento e a habilidade necessária para a execução da atividade. Para criar os procedimentos é necessário que se desenvolva o modelo de procedimento e assim para todas as etapas do processo.

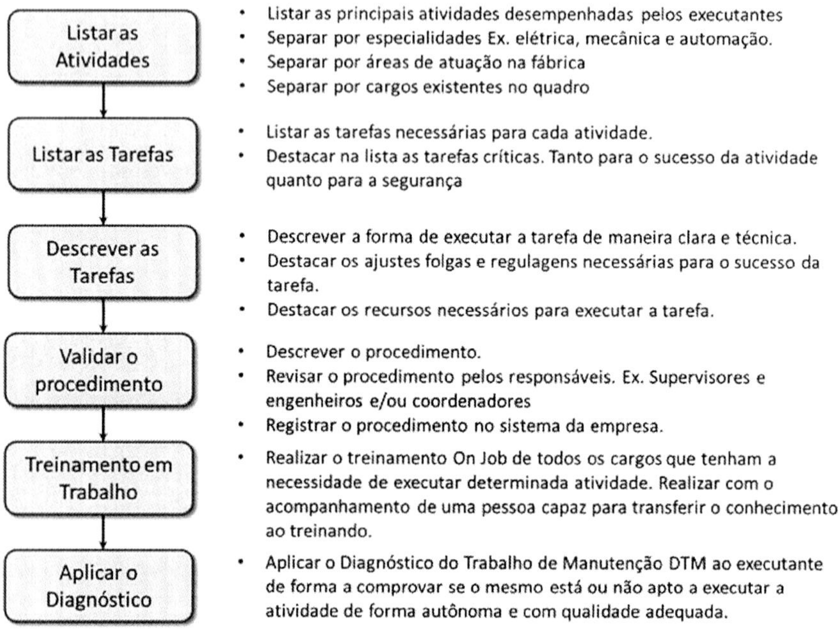

Figura 29 - Processo de treinamento das atividades da execução

A mensagem principal aqui é de que precisamos migrar de lista de treinamentos para algo mais específico e pontual nas atividades de manutenção dos equipamentos e instalações. Já vi muita lista de GAPs de treinamentos que não agregam valor algum ao resultado e para a manutenção. Listas intermináveis e ingerenciáveis que não levam ao resultado esperado que é atingir metas de disponibilidade e confiabilidade das instalações. Os profissionais precisam ser desenvolvidos nas atividades que executam no seu dia a dia e parar de fazer treinamentos que não estão ligados às perdas de resultados. Neste aspecto também vemos muitas empresas falharem, pois não fazem treinamentos que estão ligados às perdas que existem em suas empresas e saem fazendo treinamento sem objetivos claros. Toda a energia que colocamos em treinamentos deve estar ligada ao objetivo maior da empresa que é maximizar resultados. Portanto, pare de fazer treinamento para seus funcionários para que eles simplesmente tenham um certificado para colocar no currículo e pense sempre que o desenvolvimento de seu funcionário deve ser a alavanca de aumento de desempenho de sua organização.

De posse de todos os procedimentos desenvolvidos e todos os funcionários treinados devemos agora elencar as perdas baseadas nos 4Ms e definir que reciclagens destes procedimentos devem ser feitas para evitar novamente a perda que aconteceu causada por mão de obra. Se o funcionário foi treinado no procedimento, foi aprovado como apto e mesmo assim um erro foi cometido e a perda aconteceu, devemos reciclar o funcionário, já que ele foi treinado e mesmo assim o erro aconteceu. Aqui cabe uma ressalva que às vezes parece dura, mas que precisa ser mencionada. Caso o mesmo funcionário cometa erros consecutivos, você deve avaliar o comprometimento, engajamento e a atitude do funcionário e se estiver no limite tomar a decisão de desligá-lo de seu time. Caso a perda aconteça devido à falta de procedimento, isto está relacionado a uma perda pelo M de um método que não existe e este precisa ser criado. Neste caso, este procedimento escapou do crivo inicial e agora resolve-se esta deficiência.

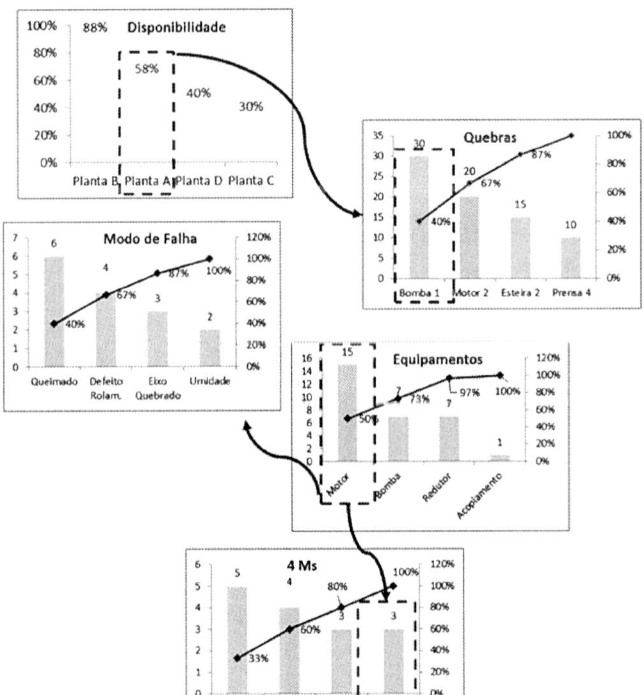

Figura 30 - Deployment de perdas por mão de obra

No exemplo de deployment de perdas acima, temos um total de 3 ocorrências ocasionadas por Mão de Obra. Isto significa que temos 3 oportunidades de simplesmente treinar os funcionários envolvidos na perda e desenvolver a habilidade nesses profissionais para fazerem o trabalho da maneira correta. Desenvolva seus funcionários e terá um resultado melhor. Aliás, neste momento, lembro de Richard Branson[1]: "Forma bem teus colaboradores, para que possam partir. Trata-os bem para que não o queiram fazer."

Não poderia deixar de falar do papel do líder no contexto do desenvolvimento de pessoas. Esta função deve desempenhar papel estratégico neste quesito. O sucesso do seu resultado depende das pessoas que executam as atividades operacionais na rotina de manutenção. Os executantes são quem operacionalizam os resultados. Então é de responsabilidade desta pessoa desenvolver o seu time. Ele tem a obrigação de saber quais são as fortalezas e fraquezas das pessoas que o cercam no seu dia a dia. O supervisor tem nas mãos a chave do sucesso da execução bem-sucedida da manutenção e este profissional merece receber uma formação de liderança muito robusta e diferenciada. Costumo dizer que o elo que pode ser diferencial nos resultados é o supervisor, ele pode ser a diferença entre o sucesso e o fracasso da gestão. Portanto, invista recurso em desenvolver as habilidades de gestão de seu supervisor de manutenção. Em geral, vejo excelentes níveis III de manutenção sendo promovidos a supervisores e tenho presenciado que em muitos casos perdemos um excelente executante e ganhamos um supervisor apenas razoável. Por que isto acontece? Em geral porque não preparamos as pessoas para assumirem o papel de gestão de pessoas nos cargos de execução de nossas empresas. Não temos um plano de preparação do que chamo de banco de talentos para assumirem os cargos superiores da estrutura e apenas avaliamos de forma puramente técnica. Se é um bom manutentor será um bom supervisor.

Robson Crestani[2] comenta que o líder é o ponto de referência e a inspiração dos colaboradores para entrega de resultados. Portanto, cabe ao líder, o papel fundamental de: contratar bem, cuidar, se relacionar e reconhecer pessoas. Ainda para Crestani este desafio será possível se o líder tiver clareza dos seus objetivos e expectativas de seu papel, que são:

---

[1] Richard Charles Nicholas Branson – Bilionário britânico nascido em 1950 é dono de várias empresas, dentre elas a Virgin, que são administradas de sua ilha nas Ilhas Virgens britânicas. A rainha Elizabeth II tornou-o cavaleiro em 1999.

[2] Robson Crestani é diretor e consultor na Open Educação escola especializada em criar e aplicar programas de inovações e desenvolvimento de Líderes e Organizações.

- Conscientizar-se de que é o principal responsável pela gestão de sua equipe;
- Fazer das pessoas sua principal estratégia;
- Alinhar a equipe com a cultura organizacional;
- Conhecer as habilidades e competências das pessoas e as limitações e potencialidades;
- Formar outros líderes.

Nas práticas de manutenção é o supervisor apoiado pelo seu coordenador e/ou gerente que proporciona o desenvolvimento de seu time nas atividades que devem ser desenvolvidas. Então, se faz necessário que todos sejam avaliados nas principais atividades que são executadas no dia a dia. A forma sugerida neste método é On the Job Training e que a competência e/ou habilidade seja comprovada através do Diagnóstico do Trabalho de Manutenção (DTM). Para isto, é necessário que o supervisor tenha em mãos um formulário de verificação referente à atividade que o seu liderado está executando e que esse seja avaliado. Através da avaliação se comprova se o executante tem ou não as competências e habilidades de executar determinada atividade de forma autônoma e assim pode ser comprovado se está apto para a execução da atividade.

Lembre-se que o resultado de toda a estratégia depende se os trabalhos de manutenção serão executados de acordo com as melhores práticas mundiais, caso contrário, tudo que foi feito até aqui não será transformado em resultado.

4.1.3.2 A Rotina do 5S

Neste assunto não há necessidade de "chover no molhado". Todos nós sabemos que o mínimo que se espera de uma equipe de classe mundial é a excelência em organização e limpeza. Então precisamos manter tudo no seu lugar, organizados e identificados. Todo 5S que se preze precisa ter um roteiro, um treinamento e o plano de trabalho de implantação. O que considero mais importante neste tema é o trabalho de conscientização e mudança de cultura. Ainda neste assunto posso afirmar que se a liderança não se engajar e não estiver completamente envolvida, o assunto não vai ser resolvido. Suas oficinas continuarão uma bagunça e o espírito da equipe será de desmotivação, sentimento de abandono e resultados ruins.

Equipes e instalações de classe mundial têm um ambiente agradável, organizado e a energia que emana das pessoas é uma energia boa e um clima de leveza, sentimento de realização. Diferentemente de um lugar onde não existe um programa de 5S em que as pessoas são moribundas, com energia ruim e com sentimento de derrota. Portanto, se você líder quer transformar o ambiente e as pessoas que o cercam comece implantando um programa de 5S.

O círculo da busca da autodisciplina passa pelos 5 sensos: Utilização, limpeza, ordenação e saúde. E a prática destes sensos no dia a dia, com a mudança dos hábitos, faz com que as pessoas obtenham a autodisciplina.

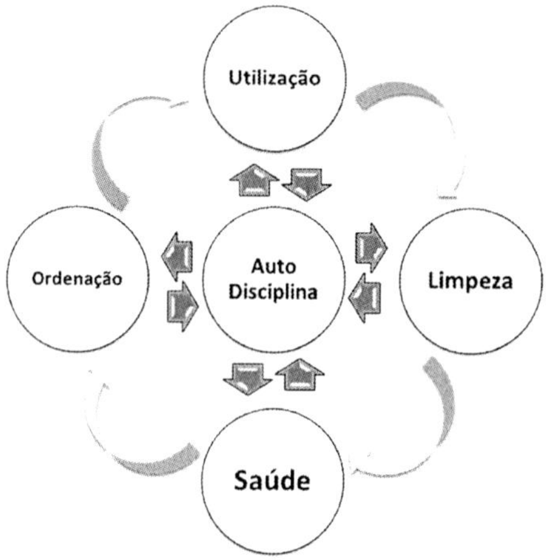

Figura 31 - O círculo da Autodisciplina no 5S

Num programa como este precisamos garantir que as pessoas que compõem a equipe estejam engajadas no espírito de buscar mudanças no sentido da autodisciplina. Isto somente será possível se existir uma campanha massiva para a busca do cumprimento das etapas que fazem parte do programa. É como quando você decide que vai mudar sua maneira de se alimentar e decide que de hoje em diante terá hábitos saudáveis de alimentação. Esta talvez seja a palavra-chave: Hábito. Mudar um hábito é muito difícil e precisa de muita energia aplicada. Se você apenas tem um desejo de mudar, isto provavelmente não vai acontecer. Você precisa ter uma necessidade de mudar. Outro exemplo que podemos dar é o da pessoa fumante que decide por vontade própria parar de fumar. Não á fácil de parar, assim do nada. Agora imagine se o médico destas pessoas; o fumante e o que deseja mudar a disciplina alimentar; falam no resultado de seus exames que se continuarem com estes hábitos morrerão em pouco tempo. Opa! Agora a coisa ficou mais séria! Assim deve ser tratado o assunto 5S na rotina de uma equipe que deseja, ou melhor, que tem a necessidade extrema de se transformar para sobreviver no mercado classe mundial. As mudanças são doídas e traumáticas. Não são fáceis de fazer e de manter, mas precisam ser feitas. E o profissional que não se adaptar, infelizmente não cabe nesta equipe.

Portanto, adquirir o Hábito do 5S não é somente uma questão de manter as coisas organizadas e limpas, é sim uma questão de mudar a cultura das pessoas. É uma questão de transformação na forma como as pessoas pensam e agem na sua rotina de trabalho. É uma questão de ter bom senso e de buscar pessoas que se engajam com uma causa. Através do 5S, o gestor consegue medir quem são as pessoas que estão aptas a continuar na jornada da busca da excelência. Quem são as pessoas que apresentam desempenho diferenciado e que realmente podem entregar mais resultados. Utilize o 5S como uma ferramenta não somente para organizar o seu escritório ou oficina, mas como uma alavanca propulsora na jornada da transformação cultural de sua equipe.

4.1.3.3 Prontidão e Risco

Todo e qualquer ativo um dia vai apresentar um problema que precisa ser resolvido. Não há ativo que seja isento da necessidade de passar por manutenção, da mais simples até a mais complexa. O que a manutenção precisa ter como premissa é que sempre deve estar preparada para atuar em todos os ativos existentes no parque que ela é responsável.

Afinal como estar preparado para atuar em tudo que apresenta problema no parque de seus ativos?

Não há como estar preparado para algo que se desconhece, então o primeiro passo para isto é identificar os riscos e ameaças que possam afetar a disponibilidade de suas máquinas. Para isto, é necessário a utilização de todos os recursos de inspeção e monitoramento a fim de que os defeitos dos ativos possam ser tratados.

A partir da identificação dos defeitos é necessário que seja preparado o plano de ação para resolver o problema e estar pronto para atuar quando a oportunidade surgir ou quando o problema realmente ficar muito grave a ponto de não mais permitir que seja possível correr o risco de uma quebra. Uma das entregas da manutenção é sempre antecipar-se aos problemas e jamais permitir que um problema surja sem que tenha sido identificado, ou seja, a manutenção deve estar à frente dos problemas e decidir parar a máquina e não o contrário; a máquina decidir parar.

Para que o plano de ação seja definido é necessário que o planejamento da manutenção atue e providencie todos os recursos e planeje a atividade. Este planejamento deve ser disponibilizado e comunicado a todos os mantenedores que atuem na área em que o risco existe, ou seja, os plantonistas de manutenção devem saber exatamente o que fazer caso o problema se agrave. Os gatilhos devem ser definidos e os mantenedores do regime 24 por 7 devem acompanhar o problema e antecipar-se a ele assim que o gatilho for acionado. Este gatilho pode ser uma vibração além do limite ou uma temperatura por exemplo.

A prontidão passa por, além de termos os recursos materiais e logísticos, termos as pessoas treinadas para atuar caso o problema se agrave. Assim o plano de desenvolvimento e treinamento em caso de situações graves deve ser feito de forma emergencial.

Então podemos resumir este ciclo de atuação em prontidão da seguinte forma:

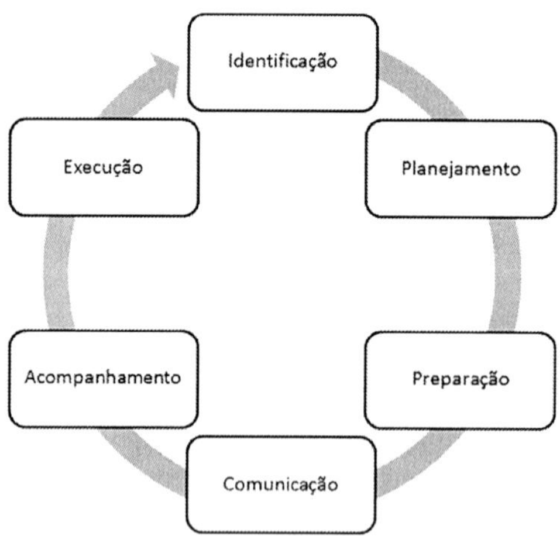

Figura 32 - Fluxo de Prontidão

Esta é uma das formas de aumentar a performance de manutenção das indústrias. Identifique os problemas, planeje, prepare os recursos necessários, comunique a todos os envolvidos, acompanhe a evolução dos problemas identificados e execute na primeira oportunidade ou tome a ação de parar a máquina assim que disparar o gatilho definido. Agindo assim você estará à frente dos problemas e vai gerar mais valor ao negócio.

4.1.3.4 Mantenabilidade

Como entregar alta performance se os seus ativos não oferecem as condições de receber a manutenção adequada? Como a equipe de manutenção pode entregar resultado se não tem os recursos adequados para executar as manutenções dos ativos? Uma das funções exigidas da execução é garantir que todos os equipamentos e instalações estejam aptos a receber as manutenções de forma que sejam mantidos entregando as suas funções. Isto é o que prega o RCM. Quais são as funções de cada componente ou equipamento e quais manutenções devem ser executadas para garantir que o equipamento não deixe de funcionar.

Muitas equipes de manutenção sequer têm na sua rotina as análises de locais de difícil acesso e quais são os equipamentos que demandam muito tempo de manutenção devido às condições das instalações como layouts, espaços insuficientes, equipamentos inacessíveis devido altura ou enclausuramento e ainda a falta de conhecimento dos mantenedores para que executem uma boa manutenção e no tempo adequado.

Muitas vezes vejo equipes improvisando dispositivos no dia a dia de trabalho e fico a pensar o motivo de não ter sido pensado em algo diferente para fazer o trabalho. Em pouco tempo de análise concluo que um determinado tipo de dispositivo poderia facilitar em muito as condições de fazer determinado trabalho e me pergunto: Por qual motivo os executantes desta tarefa e/ou o supervisor não pensou em fabricar um dispositivo para facilitar o trabalho? A minha conclusão é bem simples. Nunca pararam para pensar a respeito do assunto.

É necessário introduzir na rotina das equipes de execução um tempo somente para falar sobre este assunto. Se fizermos isto será fácil desenvolver o senso de necessidade e de facilitação de execução das atividades do dia a dia. Ninguém quer ficar improvisando e fazendo esforço para executar uma atividade. Mas por que o fazem? Fazem por que entram no ciclo vicioso da rotina e não há a interferência de alguém para alertar sobre isto. O ser humano não foi feito para ficar fazendo esforços repetitivos e passando do limite de esforço que pode fazer. Existe uma série de LERs (Lesão por esforço repetitivo) que são causados por atividades de manutenção em funcionários de manutenção evidenciando que isto não é adequado. Ainda existe um risco muito grande de acidentes de trabalho na manutenção devido estas improvisações. Acidentes com mãos e dedos são muito comuns nas equipes de manutenção.

Portanto, introduza na rotina de suas equipes reuniões para falar sobre locais de difícil manutenção. Isto pode ser feito inclusive nos DDSs (Diálogos de segurança diários) de forma rotineira quando serão listados por todos os manutentores os locais que podem ser simplificados e melhorados. Minha sugestão de método para resolver este problema é o seguinte:

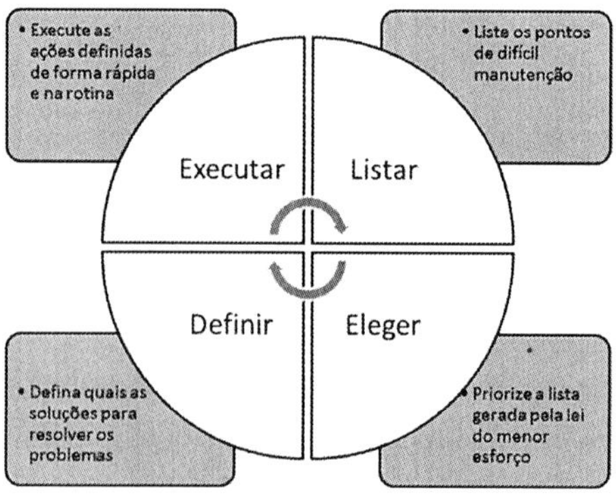

Figura 33 - Método LEDE

Podemos chamar de método LEDE já que a palavra lembra uma lâmpada de LED e isto remete a luz e à lâmpada, que é o símbolo mundial de ideias. Este método propõe que se faça o seguinte:

- Listar – na rotina de sua equipe liste os pontos de difícil manutenção e organize numa tabela. O ideal é que se faça no dia a dia e que seja introduzido nas tarefas diárias. Uma forma de fazer é que todos os dias pelo menos um local seja trazido por um manutentor no DDS.

- Eleger – Aqui é necessário que a lista seja priorizada de forma que se faça primeiro o que exige o menor esforço e traga o maior resultado. Menor esforço significa que a própria equipe pode fazer e custa muito pouco. Maior resultado pode ser avaliado de várias formas, mas sugiro que se comece pelos itens que têm a maior frequência de execução já que traz retorno rápido. Então pense sempre num gráfico de esforço versus resultado.

- Definir – neste ponto devemos definir a melhor solução para resolver o problema de forma simples e rápida. Lembro de uma frase que com frequência ouço no trabalho. "Se quer saber a maneira de resolver os problemas pergunte ao operador, pois ele sabe como resolver. "No caso da manutenção, pergunte ao manutentor. O que quero dizer aqui é que o manutentor deve ser valorizado e ele deve dar as soluções.

- Executar – execute as ações que foram definidas pela equipe de forma rápida e na rotina. Rápido para que se resolva logo os problemas e na rotina para que não precisemos sair do planejado para executar. Se o manutentor vai trocar uma bomba que não tem a solução definida ele já aproveita e implanta neste local antes de executar a manutenção.

Veja a figura abaixo com duas ideias simples que fazem muita diferença no momento de trocar um equipamento rotativo que necessita de alinhamento na sequência da troca. A falta destes dois dispositivos ocasiona improvisações na hora de executar e dificultam a manutenção de precisão. Além de elevar a riscos desnecessários que acontecem durante a troca com o uso de ferramentas como alavancas e marretas e improvisações para içamento de carga. O dispositivo de içamento ou pórtico giratório mostrado abaixo serve para vários equipamentos de cargas similares já que pode ser transportado de um para outro equipamento. Somente será necessário fixar nas bases o suporte fixo e os demais itens são de uso comum.

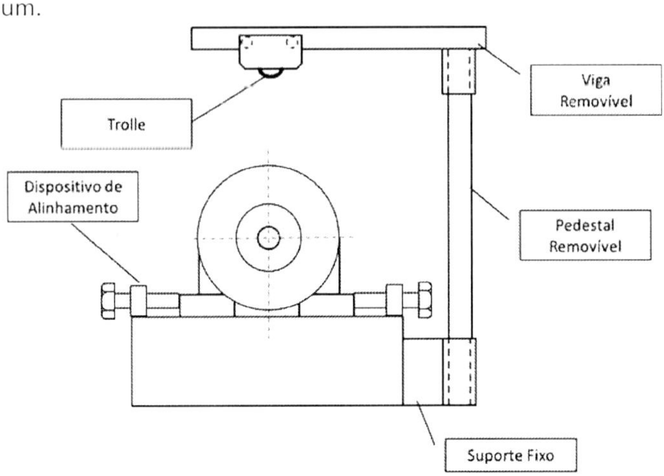

Figura 34 - Dispositivos de manutenção

4.1.3.5 Tempo de Reparo

O tempo de reparo reflete diretamente a produtividade da equipe de manutenção. Através do TTR (Time To Repair) podemos saber o quão eficiente a equipe de manutenção está na solução dos problemas que afrentam. A preparação da equipe, a prontidão para executar as pendências e os recursos disponíveis são essenciais para que este tempo seja o menor possível. Como podemos saber se o tempo de reparo realizado é o melhor? Para isto, devemos desenvolver métodos de planejamento que identifiquem a melhor forma de executar. Após esta tarefa devemos medir com precisão cada intervenção e registrar o tempo desta atividade. A partir da execução é necessário fazer a análise crítica de cada reparo e buscar formas de melhorar o tempo para esta atividade.

A equipe de manutenção precisa fazer as análises de tempo para reparo no seu dia a dia, seja no atendimento emergencial ou no trabalho planejado. Novamente aqui podemos citar a fórmula 1. Cada dia estes profissionais buscam fazer a troca de pneus no menor tempo. Isto deve ser feito nas equipes de manutenção das organizações. Buscar a melhor prática todos os dias. Buscar a classe mundial todos os dias.

Uma forma de fazer esta tarefa e desafiar as pessoas da equipe. Sabe aquele desafio que mexe com nosso brio? Então, eu acredito que isto pode transformar uma equipe. O Líder Moderno precisa desafiar as suas equipes a serem melhores todos os dias. Então busque formas de fazer isto com sua equipe quando falamos de executar tudo no menor tempo possível. Transforme sua equipe numa equipe de alta performance, uma equipe que entrega mais e melhor todos os dias. Defina metas desafiadoras para a equipe de execução. Escolha atividades da rotina do dia a dia e estabeleça metas de tempo de troca de equipamentos, por exemplo, se a maior voz de trocas de equipamentos em sua empresa é motores então monte times especialistas em trocar motores. Troque motores todos os dias em menor tempo assim como no Pit Stop da fórmula 1.

Sugiro que o seguinte método seja utilizado por sua equipe para buscar ser classe mundial em TTR:

- Estabeleça a melhor sequência de atividades;
- Estabeleça o melhor tempo para cada atividade;
- Defina o número de pessoas para a tarefa;
- Defina as ferramentas necessárias para cada atividade;

- Defina o procedimento de execução para cada atividade;
- Execute a tarefa e meça o tempo gasto;
- Analise o resultado com a equipe e defina um plano de ação;
- Desafie e redefina os tempos com a equipe;
- Execute novamente e meça o tempo;

O método sugerido é um PDCA. Planeje, Execute, Avalie e Defina Ações. Assim você estará no caminho da manutenção classe mundial em TTR. Faça isto com a maior frequência possível e verá o resultado de sua equipe cada dia melhor. É um ciclo virtuoso. Quanto menor for o tempo de execução das tarefas mais tempo teremos para pensar em melhorias e isto se torna um hábito.

4.1.4 Estrutura Organizacional

Este é um elemento que deve ter atenção total dos líderes de manutenção. A estrutura organizacional deve estar alinhada à estratégia e à cultura da empresa. Avaliar o resultado da sua organização com um olhar para a sua estrutura deve ser o papel da alta liderança da manutenção de sua empresa. Qual é o resultado alcançado hoje e qual é o papel de cada camada da estrutura na busca deste resultado?

O olhar atento do gestor de manutenção precisa estar voltado a este propósito. Buscar alinhar a estrutura ao resultado deve fazer parte do papel do gestor moderno de manutenção. Cabe ao gestor analisar o resultado através de várias lupas e uma delas deve ser pela lupa da estrutura organizacional. Qual o impacto do resultado positivo e negativo em relação à estrutura que hoje permeia a organização? Não avalie somente pela ótica das práticas e das entregas individuais de cada área da empresa, mas de forma global entre áreas, assim você vai ser capaz de ver o que muitos gestores não conseguem ver, as lacunas existentes nas interfaces das várias áreas da empresa.

Através de uma análise voltada para a estrutura organizacional das várias áreas de manutenção poderemos aumentar a performance de manutenção de forma global. Muitas vezes temos perdas relacionadas aos problemas causados pelas interfaces das áreas que não são vistos porque não olhamos com esta ótica colocada. Veja as perdas que existem em sua empresa pela falta de comunicação adequada causada por uma estrutura organizacional mal estabelecida. Não é que os profissionais não querem se comunicar e sim porque a estrutura não lhes favorece a comunicação ser simples. Geramos muitas vezes problemas de relação entre áreas e problemas de comunicação porque não adequamos a estrutura organizacional de áreas que deveriam reportar a um gestor somente, picotando a informação e tornando as decisões mais morosas devido que existem barreiras organizacionais na tomada de decisões. Causamos um enorme problema organizacional porque estabelecemos a estrutura de forma errada.

Um exemplo simples que podemos citar é uma área de Planejamento e Programação e uma área de Execução reportando para gestores diferentes e estas mesmas áreas reportando a uma única gestão, seja ela imediata ou subimediata. Como isto funcionaria no dia a dia? Seria o primeiro modelo ou o segundo modelo o melhor? Qual é o modelo que afeta mais positivamente a performance das equipes? No modelo onde o planejador responde a um gestor diferente do gestor da execução serão mais fáceis a padronização e o foco do planejador em pensar o futuro e não se envolver na execução imediata das atividades não planejadas. Já no modelo onde o planejador responde para o gestor de execução pode ocorrer que o planejador perca o foco de planejar e atender a demandas não planejadas apoiando o supervisor na execução. Isto pode ocorrer e ocorre em várias empresas e isto causa uma perda de foco na visão de futuro das atividades de manutenção. Isto é somente um exemplo de como a estrutura organizacional pode afetar positiva ou negativamente o resultado das equipes de manutenção.

Avalie o seu modelo de estrutura e pense em como poderia ser melhor. Qual seria o modelo que você deveria testar na sua empresa para aumentar a performance de seus times. Como alinhar a estrutura à cultura da empresa e mesmo assim atingir alta performance na busca pela gestão classe mundial de manutenção. Lembre-se que um dos principais papéis do gestor é de remover barreiras existentes na organização que impedem de entregar alta performance e resultados que são mundialmente comparáveis, o desafio do gestor é ser o melhor do mundo no que faz.

4.1.5 Gerenciamento de Sobressalentes

Em indústrias de grande porte e principalmente de capital intensivo os gestores se deparam com uma diversidade e quantidade enorme de equipamentos e instalações para fazer a gestão de ativos. Neste contexto não se pode negar que o gestor tem um enorme desafio para encontrar as ferramentas certas para gerenciar com facilidade e maestria tamanha diversidade. Isto se agrava ainda mais em indústrias longevas quando ainda existe neste contexto uma gama de tecnologias diferentes que torna o desafio ainda maior. Com isto posto, podemos minimamente afirmar que não existirá método ou ferramentas prontas que possam ser aplicadas; existem sim várias ferramentas e vários fornecedores que podem implantar uma série de ferramentas que podem ser utilizadas pelo gestor, porém não será a consultoria que você contratou que vai decidir qual utilizar e sim você gestor que sabe das suas fraquezas e realidades organizacionais.

Há uma necessidade premente de se fazer a gestão de imobilizado nas indústrias a fim de minimizar o custo de sobressalentes e peças. Como fazer isto de maneira a correr o mínimo risco ou o risco sob controle? Toda indústria precisa ter um controle de sobressalentes que satisfaça as necessidades de revisão de máquinas e equipamentos que seja just-in-time, ou seja, que esteja disponível no momento certo para a revisão dos equipamentos.

O primeiro item que deve ser levado em conta neste aspecto é que precisa existir uma bela metodologia de classificação de suas Plantas, máquinas, submáquinas, TAGs (ou locais de instalação) e equipamentos. Existem várias metodologias de classificação que podem ser utilizadas e que resolvem este problema. Cada indústria precisa escolher qual será a metodologia de acordo com a sua realidade e ramo de negócio.

4.1.5.1 Classificação ABC

Existem várias normas para a numeração de plantas e equipamentos, mas segue aqui um exemplo prático e que funciona muito bem. Para a numeração de plantas precisamos adotar a divisão da fábrica ou indústria em processos e subprocessos. Assim fica fácil pela simples leitura do local sabermos a que processo pertence o local ou TAG. Uma indústria é composta de Plantas e Subplantas que se subdividem para completar o processo de fabricação como num processo qualquer com entradas e saídas. Sendo assim devemos ter condições de identificar a que parte da fábrica pertence determinado local ou TAG. Assim segue a estrutura que pode ser seguida:

Fábrica	AM01	
TAG	AM01-111EB0123	
	1	Planta de tratamento de madeira
	1.1	Linha de produção 1 da planta 1
	1.1.1	Setor 1 da Planta 1
	EB	Estação de bombeamento

	0123	Número sequencial
TAG	AM01-210E0345	
	2	Planta de secagem
	2.1	Linha de produção 1 da Planta 2
	2.1.0	Setor 0 da Planta 2
	DE	Diatribuição de energia
	0134	Número sequencial

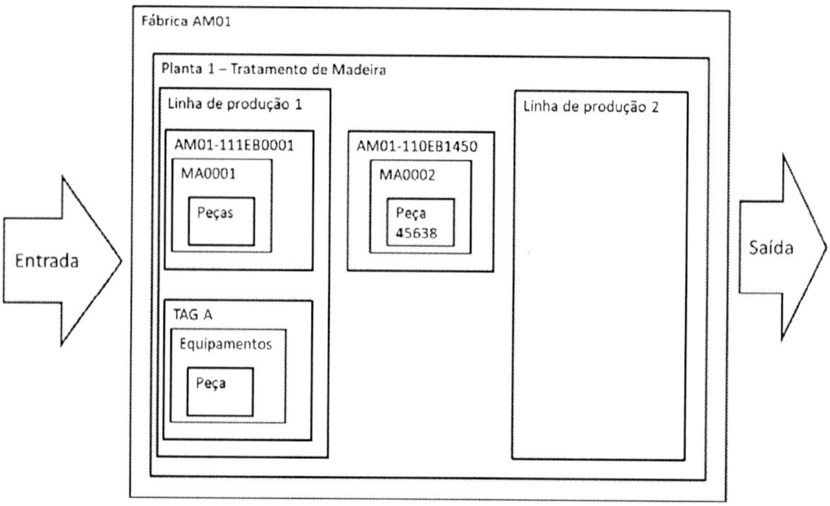

Figura 35 - Layoutut de Classificação de Plantas e Locais

TAG ou local de instalação: é o local físico onde estão instalados os equipamentos em campo na planta. Pode ser uma base de bomba que contenha motor, redutor e bomba, por exemplo. Este local é identificado em campo com uma placa de identificação da seguinte forma:

AM01-111EB0001 – Sabemos pela simples leitura que este local é da Planta de Tratamento de madeira do setor 1 e que se trata de uma Estação de Bombeamento número 1. Assim fica fácil para todos se localizarem de forma fácil na fábrica.

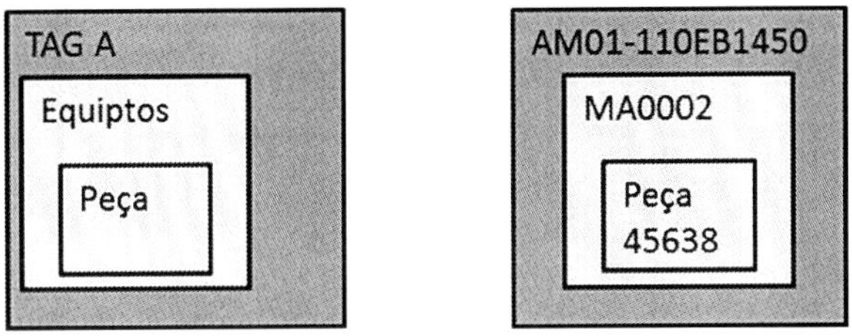

Figura 36 - Classificação de Equipamentos

Equipamentos: os equipamentos recebem identificação também alfanuméricas e são definidos de forma que ao ler o número saberemos de que tipo de equipamento estamos falando, ou seja, se o número é MA0001 sabemos que temos um motor de corrente alternada com número 0001. Este modelo é adotado para que os equipamentos possam ser utilizados em várias plantas e setores da fábrica, logo não devem estar atrelados em um setor ou planta já que hoje podem estar instalados em uma planta A e amanhã em uma planta C. Assim, fazemos para todos os demais. Ainda na questão de equipamentos, devemos ter os mesmos agrupados por similaridade, ou seja, todos os motores que são intercambiáveis devem estar num mesmo grupo ou família. Assim poderemos saber quantos estão instalados nas plantas e quantos devemos ter de reservas para que possamos fazer a devida gestão destes ativos. O software de ERP ou EAM deve ter esta capacidade de controle destes equipamentos podendo disponibilizar relatórios de controle destes ativos a qualquer momento. Ainda na questão da família de equipamentos podemos citar um exemplo de uma família de um motor da marca X que tem rotação 1800 RPMs, potência de 10 CV e carcaça 112M, por exemplo. Este motor é bem comum e numa indústria de grande porte encontraremos muitos motores deste numa fábrica e/ou planta e estes devem estar num mesmo grupo. Logo podemos sugerir que o grupo seja o GMA0001 e que o ERP seja utilizado para agrupar os mesmos e ter a capacidade de fazer relatórios de utilização destes motores na fábrica.

Grupos	
GMA0001	Grupos de motores Corrente alternada
MA0001	Motor de corrente alternada
MA0002	Motor de corrente alternada
MA0003	Motor de corrente alternada
MA...	Motor de corrente alternada

Equipamentos	
MA	Motores de corrente alternada
MC	Motores de corrente contínua
IF	Inversor de frequência
BM	Bomba centrífuga
VC	Válvula de controle
RE	Redutores

Assim deve começar a gestão de seus ativos. De forma que exista um controle acirrado de tudo que existe nas plantas e onde estão instalados. Através deste controle poderemos fazer uma gestão dos sobressalentes de forma eficaz. A partir da classificação de criticidade devemos agora saber qual é a planta mais crítica do processo e quais os setores destas plantas são os mais críticos. Quando falamos em criticidade devemos sempre pensar em risco. Fazer a devida gestão de riscos é um dos papéis fundamentais do gestor de ativos. Com isto posto segue uma forma de fazer a classificação de risco das plantas produtivas e de seus locais de instalação ou TAGs. Esta classificação serve tanto para Plantas como para equipamentos que estão instalados nestas plantas.

Classificação de Máquinas e Locais (TAGs)	
A	Caso este equipamento pare a produção será interrompida
B	Caso este esquipamento pare a produção será reduzida
C	Caso este equipamento pare a produção não será afetada

Figura 37 - Classificação de Plantas

A partir desta classificação mínima já podemos pensar em risco. Embora já sabemos que as Plantas e/ou equipamentos classificados como A param o processo ainda precisamos saber qual o impacto desta parada para a fábrica. Para isto, devemos ter uma classificação de risco para cada planta. Assim saberemos onde devemos colocar a energia necessária para a mitigação do risco de perda de produção e consequentemente do lucro. Então plantas classificadas como A são a prioridade, pois as paradas geram redução de receita para a planta e para a companhia, porém ainda não temos o grau de impacto desta parada. Para esta classificação, a sugestão sempre é utilizar a margem de contribuição do produto que esta planta e/ou máquina produz versus a perda de produção que foi ocasionada pela parada. Desta forma, poderemos ter a seguinte classificação:

Classificação de Plantas A e Grau de Impacto			
Plantas A - Peso 10			
Classificação	Risco	Descrição	Impacto
A10	10	Param a fábrica de imediato	100
A9	9	Param a fábrica depois de 6 horas	90
A8	8	Param a fábrica depois de 12 horas	80
A7	7	Param as plantas A de imediato	70
A6	6	Param plantas A depois de 6 horas	60
A5	5	Param plantas A depois de 12 horas	50
A4	4	Param plantas B de imediato	40
A3	3	Param plantas B depois de 12 horas	30
A2	2	Param somente plantas C	20
A1	1	Não param outras plantas	10

Figura 38 - Classificação de Plantas com Grau de Impacto

Através desta definição sabemos que a Planta mais crítica para a fábrica tem Impacto 100 e é por ela que devemos começar a definir ações de mitigação dos riscos para o lucro cessante. Este plano de ação de mitigação deve sempre começar por um entendimento de quais riscos cada parte do processo traz e que medidas devemos adotar para que o risco não se torne realidade.

Em todas as plantas produtivas em qualquer empresa existem ou podem existir setores da planta que não causam parada imediata da planta, mas reduz produção ou causa um impacto na qualidade ou ainda aumenta o custo de produção devido que é necessário utilizar uma outra matéria-prima ou combustível mais caro e isto deve ser considerado no momento de classificar os setores e as plantas. Aqui está sendo adotado o conceito de planta superior, ou seja, a planta produtiva maior tem subáreas ou subsetores que estão abaixo dela na hierarquia da fábrica. Sendo assim, segue definição de risco e impacto para os setores produtivos de plantas:

Classificação de Setores Produtivos			
Setor produtivo A - Peso 10			
Classificação	Risco	Descrição	Impacto
A10	10	Para a planta superior de imediato	100
A7	7	Para a planta superior depois de 2 horas	70
A3	3	Para a planta superior depois de 4 horas	30
A1	1	Não para a planta superior	10

Figura 39 - Classificação de Setores com Grau de Impacto

Para a classificação dos TAGs podemos classificar da mesma forma que plantas. Ordenando em A, B e C de acordo com o grau de impacto que cada local traz para o processo produtivo.

Classificação de TAGs ou Locais de Instalação			
Locais A, B e C - Pesos 10, 5 e 1			
Classificação	Risco	Descrição	Impacto
A10	10	Para a planta superior de imediato	100
B5	5	Para a planta superior depois de 2 horas	25
C1	1	Não para a planta superior	1

Figura 40 - Classificação de TAGs com Grau de Impacto

A forma acima mostrada é a mais simples possível. Para uma gestão de ativos adequada deveremos sempre olhar de forma holística com base na gestão de ativos e não somente se interrompe o processo ou não. A forma mais adequada de avaliar a criticidade do local de instalação ou TAG é considerar os impactos nos seguintes aspectos:

- Impacto em segurança;
- Impacto ambiental;
- Impacto em custo;
- Impacto em produção;
- Impacto causado pelo MTBF do local;
- Outros impactos possíveis como qualidade.

Para cada uma destas variáveis deve-se definir um peso para o cálculo do risco de cada local de instalação. O ideal é que o peso total seja sempre 100 e divide-se entre os vários itens de forma que a soma sempre seja 100. Existem empresas que definem segurança o maior, já outras, o impacto ambiental. Enfim; depende do ramo de negócio de cada uma e dos valores que colocam. Veja um exemplo de uma tabela de avaliação de um local de instalação com a atribuição da nota para cada aspecto avaliado. O resultado será o peso multiplicado pela nota atribuída. Esta avaliação deve ser feita para cada local de instalação da planta e é de suma importância que seja feita por pessoas que tenham total conhecimento da planta para que seja a mais fiel possível à realidade, já que todas as demais decisões posteriores como peças de reposição e equipamentos reservas será feita a partir desta avaliação.

Aspecto	Peso	Nota	Resultado
Impacto em segurança	10	1	10
Impacto ambiental	5	2	10
Impacto em custo	20	2	40
Impacto em produção	30	4	120
Impacto causado pelo MTBF	30	8	240
Impacto causado qualidade	5	6	30
	100		450

Figura 41 - Aspectos de avaliação dos locais de instalação

Para a avaliação de cada aspecto se faz necessário definir qual será a abordagem. Novamente aqui depende de cada organização e dos riscos que esta deseja correr. Ainda de quais limites que a organização considera aceitáveis. Para meio ambiente, segue proposta de notas a serem consideradas para os limites aqui propostos.

Notas Possiveis para Meio Ambiente	
Sem impacto	1
Impacto apenas setorial	2
Impacto contido dentro do site	4
Impacto excede ao site	6
Afeta a comunidade	8

Figura 42 - Impactos ambientais na classificação ABC

Para o aspecto custo segue proposta de notas a partir dos limites de custos propostos. Novamente ressalto que cada empresa define estes limites de custos de acordo com a sua característica. As notas de 1 a 8 aqui propostas também podem ser mudadas e adequadas para cada organização.

Notas Possiveis para Custo	
Até 5 mil	1
De 5 a 10 mil	2
de 10 a 20 mil	4
De 20 a 30 mil	6
Maior que 30 mil	8

Figura 43 - Impactos de custos na classificação ABC

A partir da definição de quais setores e locais impactam mais no resultado, agora já é possível definir o grau de impacto que os equipamentos instalados nestes setores causam ao processo. Como mencionado anteriormente, classificar equipamentos é um pouco mais difícil pelo método ABC já que os equipamentos podem atender a locais e plantas A, B ou C, pois a forma de agrupar os equipamentos proposta aqui é por família e similaridade e isto torna a classificação mais complicada por este método. Então se faz necessário utilizar outras formas de definir a classificação da criticidade de equipamentos. Logo abaixo teremos uma proposta de método para definir a criticidade de equipamentos através das combinações de plantas e locais onde o grupo de equipamentos é utilizado.

A proposta sugerida aqui leva em conta que o peso de uma planta A e de seus setores produtivos é sempre 10. Este número é utilizado como um multiplicador de risco para se obter o grau de impacto de cada local de instalação ou TAG da planta. Assim temos que:

$$\text{Impacto} = \frac{\text{Classif.Planta} \times \text{Classif.Setor} \times \text{Classif.TAG}}{1000}$$

Figura 44 - Definição de risco do TAG

Então no sistema ERP ou EAM deve existir um campo onde será inserido o risco do local de instalação, da planta e dos setores desta planta e será deste sistema que deveremos extrair os dados sobre risco.

Caso a companhia tenha várias fábricas que utilizam a mesma definição devemos ter uma classificação entre as várias fábricas desta organização e neste caso a sugestão é utilizar o EBTIDA gerado em cada site como multiplicador de criticidade de fábricas, assim saberemos qual o site que oferece o maior risco de perda de receita para a organização. Sendo que existam 3 sites um com geração de EBITDA de 1 Bi, outro com geração de 0,2 Bi e um terceiro com 0,1 Bi, é evidente que o primeiro é o que traz o maior risco para a companhia e é nele que devemos focar nossa atenção de mitigação de riscos. Não que os demais não devem ter a atenção necessária, mas entre uma decisão de investimento entre um e outro; para mitigação de riscos; sempre decidiremos pelo primeiro.

A partir de uma classificação que reflita a criticidade adequada das máquinas e instalações agora é preciso cuidar dos equipamentos e peças que precisam ser mantidas no estoque como reservas e sobressalentes para as necessidades de intervenção. Isto pode ser feito de várias maneiras e com a ajuda de várias consultorias, empresas e até mesmo através de sua equipe própria de manutenção que com certeza conhece bem a realidade de seus ativos. Há disponível no mercado softwares e empresas que tratam destes conceitos utilizando, por exemplo, análises de confiabilidade e buscando a otimização dos sobressalentes e reservas com o uso destas metodologias. Existem ainda outras que utilizam softwares para otimização de peças e materiais em estoque com o uso de algoritmos com inteligência artificial. Estes levam em conta o tempo que o material está no estoque, o giro deste material, o tempo de reposição, o custo, a quantidade de material que sai do estoque, o período em que o material é mais consumido e uma série de outros fatores que são utilizados para otimizar os estoques e correr o mínimo risco possível de o material não estar disponível quando se tenha a necessidade.

De fato, nos dias de indústria 4.0 encontraremos de tudo disponível no mercado, porém não conseguiremos sucesso sem o básico bem feito. Então é de fundamental importância que a base da manutenção tenha feito o seu trabalho. Garantir uma ótima organização dos ativos com todas as informações necessárias para que estas informações estejam disponíveis para que com o uso da tecnologia seja possível fazer uma ótima gestão destes ativos.

Caso a empresa não queira adquirir um software e queira partir para o desenvolvimento em casa segue uma proposta de como fazer para definir o risco que um determinado equipamento pode causar numa instalação industrial. O modelo proposto aqui leva em conta os seguintes aspectos:

1. Classificação das plantas que utilizam os equipamentos do grupo analisado
2. Classificação dos locais de instalação que utilizam os equipamentos
3. Quantidade de equipamentos do grupo em cada classificação de local e planta
4. A quantidade total de equipamentos instalados na planta
5. A quantidade de equipamentos reserva existentes
6. O percentual de equipamentos que possuem monitoramento on-line
7. O percentual de equipamentos que possuem monitoramento off-line
8. O MTBF ou TBF médio dos equipamentos na planta
9. O MTTR ou TTR dos equipamentos aplicados na planta
10. O Lead Time do equipamento
11. Se possui ou não Stand By
12. Se é possível reparo do equipamento no local
13. Se é possível uma adaptação de algum equipamento de outro grupo

14. Qual o nível de severidade da falha
15. Qual o nível de detecção da falha
16. Se a falta do equipamento afeta a qualidade do produto

Com estes dados sendo introduzidos neste algoritmo é possível determinar o risco que estes equipamentos deste grupo de equipamentos podem trazer para a fábrica e com isto determinar através de algumas calibrações no algoritmo se temos disponível o equipamento reserva ou teremos somente peças, por exemplo. O ajuste fino cabe a cada empresa fazer dependendo do apetite de risco que esta quer assumir.

Outra questão proposta neste algoritmo é de que poderemos fazer comparações entre o custo do equipamento e o custo da perda de faturamento que pode existir caso não tenhamos o equipamento disponível no momento de alguma quebra imprevista. De posse destas informações e da experiência do pessoal da manutenção será possível definir o que deveremos ter e o que não devemos ter de sobressalentes.

Tabela 4 - Algoritmo de Análise de Equipamentos Reserva

Análise de Risco x Viabilidade de Manter Equipamentos Reserva

Não tem senha

Dados

Classificação das Plantas que utilizam o equipamento	A			B			C			
Classificação do Locais de instalação que utilizam o equipamento	A	B	C	A	B	C	A	B	C	
Quantidade de equipamentos instalados nas plantas	10			5						
Quantidade de equipamentos no grupo	16									
Quantid. de equipamentos reserva no grupo?	1									
Qual é o % de equipamentos com Sistema on line com alarme 24 horas?		0	0	0	0	0	0	0	0	%
Qual é o % equipamento é monitorado off line?		0	0	0	0	0	0	0	0	%
Qual o TBF ou MTTB dos equipamentos aplicados nestes locais da planta	90			30						Dias
Qual o DT ou MDT dos equipamentos aplicados nos locais e plantas	13	0		13	0		13	0		Horas
Qual o **Lead Time** dos equipamentos	50									Dias
Existe pelo menos 1 equipto **Stand By**?	Não			Não			Não			Sim ou Não
É possível **Reparo** do equito no local de instalação?	Não			Não			Não			Sim ou Não
É possível **Adaptação** de outro equipto mesmo perdendo produção?	Não			Não			Não			Sim ou Não
Qual o nível de **Severidade** da falha	Alta			Média			Alta			
Qual e a dificuldade de **Detecção** da falha?	Impossível			Impossível			Impossível			
A falta do equipmento afeta a **Qualidade** o produto?	Sim	Sim		Sim	Sim		Sim	Sim		
Risco que o Equipamento causa para a Unidade	20.160			14.884						
Classificação do Risco	Muito Alto			Alto			Muito Baixo			

Quantidade de utilização prevista do grupo em **1020** Dias — Máxima 1,256 — Média 0,851 — Mínima 0,307

Dados estatísticos previstos — Desvio Padrão MTBF 303 — Média MTBF 540 — Quant. Total de trocas em **1020** Dias

Tempo necessário para revisar o equipamento 20 Dias — Correção 1 — Correção 2 — **14,50** Equiptos

Quantidade de equiptos revisados nos últimos **1020** Dias 10 Equipamentos

Definição Sob o Ponto de Vista do Risco	Ter Reserva	Ter reserva	
Quantidade Recomendada	1,26	1,00	0,00
Quantidade de Reserva Atual	1	1	1
Quantidade a Adquirir	0,26	0,00	1,00

Obs. A análise é feita sempre para cada planta que esta utilizando os equipamentos do grupo, porém a decisão deve ser sempre de forma global.

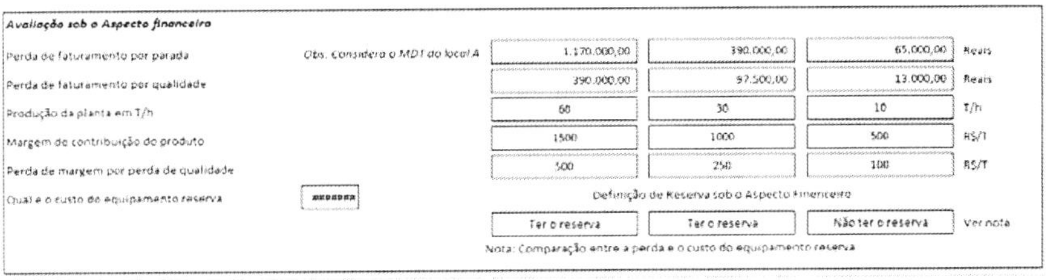

Este algoritmo propõe que a quantidade de ativos reservas deve ser feita pelo histórico de utilização ou de revisão necessária para cada grupo de equipamentos. O método de cálculo proposto é pela curva normal de revisão de equipamentos ao longo da vida destes. Se o grupo de equipamentos tem uma rotatividade registrada pelo MTBF do grupo então isto define como será o giro de equipamentos e isto é calculado e retorna com a proposta de quantidade de equipamentos reserva. Então para um grupo com 21 equipamentos que apresenta um desvio padrão de 303 dias a sugestão de quantidade de reserva de acordo com a curva normal é de 1,6 equipamentos no ponto de maior utilização da curva.

Figura 45 - Definição de quantidade de equipamento reserva.

A seguir a curva normal gerada pelo algoritmo para esta análise:

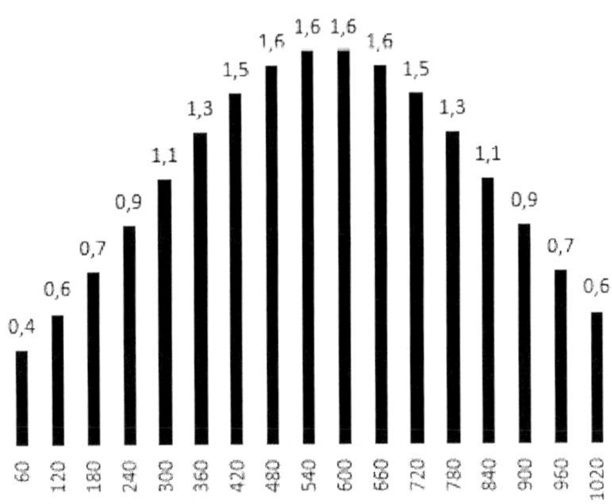

Figura 46 – Curva normal de equipamentos

Outra utilização do algoritmo é na análise de risco de equipamentos reservas já existentes no grupo de equipamentos, ou seja, qual é a prioridade de revisão dos equipamentos existentes nas oficinas ou nos fornecedores que revisam estes equipamentos. Esta definição pode ser feita analisando o MTFB do grupo de equipamentos e do tempo necessário para revisar o equipamento reserva do grupo. A análise é construída com o tempo necessário de revisão do equipamento reserva do grupo na horizontal e na vertical o MTBF do histórico de vida dos equipamentos do grupo. As áreas cinzas mais claras da matriz é sinal de alerta, ou seja, o tempo de revisão é maior que o MTBF médio do grupo. As áreas cinzas mais escuras significam que o MTBF médio do grupo é maior que o tempo necessário para revisar o equipamento do grupo.

	Tempo de Revisão do Equipto																
MTBF	20	40	60	80	100	120	140	160	180	200	220	240	260	280	300	320	340
60	3,0	1,5	1,0	0,8	0,6	0,5	0,4	0,4	0,3	0,3	0,3	0,3	0,2	0,2	0,2	0,2	0,2
120	6,0	3,0	2,0	1,5	1,2	1,0	0,9	0,8	0,7	0,6	0,5	0,5	0,5	0,4	0,4	0,4	0,4
180	9,0	4,5	3,0	2,3	1,8	1,5	1,3	1,1	1,0	0,9	0,8	0,8	0,7	0,6	0,6	0,6	0,5
240	12,0	6,0	4,0	3,0	2,4	2,0	1,7	1,5	1,3	1,2	1,1	1,0	0,9	0,9	0,8	0,8	0,7
300	15,0	7,5	5,0	3,8	3,0	2,5	2,1	1,9	1,7	1,5	1,4	1,3	1,2	1,1	1,0	0,9	0,9
360	18,0	9,0	6,0	4,5	3,6	3,0	2,6	2,3	2,0	1,8	1,6	1,5	1,4	1,3	1,2	1,1	1,1
420	21,0	10,5	7,0	5,3	4,2	3,5	3,0	2,6	2,3	2,1	1,9	1,8	1,6	1,5	1,4	1,3	1,2
480	24,0	12,0	8,0	6,0	4,8	4,0	3,4	3,0	2,7	2,4	2,2	2,0	1,8	1,7	1,6	1,5	1,4
540	27,0	13,5	9,0	6,8	5,4	4,5	3,9	3,4	3,0	2,7	2,5	2,3	2,1	1,9	1,8	1,7	1,6
600	30,0	15,0	10,0	7,5	6,0	5,0	4,3	3,8	3,3	3,0	2,7	2,5	2,3	2,1	2,0	1,9	1,8
660	33,0	16,5	11,0	8,3	6,6	5,5	4,7	4,1	3,7	3,3	3,0	2,8	2,5	2,4	2,2	2,1	1,9
720	36,0	18,0	12,0	9,0	7,2	6,0	5,1	4,5	4,0	3,6	3,3	3,0	2,8	2,6	2,4	2,3	2,1
780	39,0	19,5	13,0	9,8	7,8	6,5	5,6	4,9	4,3	3,9	3,5	3,3	3,0	2,8	2,6	2,4	2,3
840	42,0	21,0	14,0	10,5	8,4	7,0	6,0	5,3	4,7	4,2	3,8	3,5	3,2	3,0	2,8	2,6	2,5
900	45,0	22,5	15,0	11,3	9,0	7,5	6,4	5,6	5,0	4,5	4,1	3,8	3,5	3,2	3,0	2,8	2,6
960	48,0	24,0	16,0	12,0	9,6	8,0	6,9	6,0	5,3	4,8	4,4	4,0	3,7	3,4	3,2	3,0	2,8
1020	51,0	25,5	17,0	12,8	10,2	8,5	7,3	6,4	5,7	5,1	4,6	4,3	3,9	3,6	3,4	3,2	3,0

Figura 47 - Análise de revisão de equipamentos

O que o gestor de ativos precisa ter em mente na sua rotina de trabalho é que todos os recursos precisam ser colocados em prática para conhecer, registrar e mitigar o risco que pode existir no negócio manutenção para que a lucratividade da empresa seja garantida. Assim é de substancial importância que sejam utilizados todos os métodos possíveis para que seja garantida a confiabilidade, mas, caso o equipamento apresente problemas, a manutenção tenha à disposição os recursos necessários para que os ativos sejam colocados em operação o mais rápido possível.

Com a utilização deste algoritmo proposto ou de outro método para definir o risco que cada grupo de equipamentos traz para a organização é necessário que se avalie este risco sob o aspecto financeiro e de custo para aquisição do ativo.

Então devemos ter uma métrica que nos traga o quanto o risco multiplicado pela perda de receita sobre o investimento nos traz de indicador de aquisição de equipamentos sobressalentes. Se plotarmos isto numa fórmula teríamos o seguinte:

$$\text{Sendo:}\quad \text{Métrica do Risco} = \frac{\text{Perda da Receita} \times \text{Risco}}{\text{Investimento de Aquisição}}$$

Métrica de Risco: Número que resulta num valor indicador de risco versus perda receita dividido pelo investimento necessário de aquisição do equipamento reserva.

Perda de Receita: Qual a perda de receita que a falta deste equipamento reserva traria ao site ou à fábrica.

Risco: Número que precisa ser definido para medir o risco que o equipamento traz ao site. Pode ser utilizada a proposta sugerida neste livro ou definir a sua própria métrica de risco. Outra forma simples é colocar valores de confiabilidade neste número, por exemplo, a probabilidade de falhas do grupo de equipamentos em questão.

Investimento de aquisição: É o valor de aquisição do equipamento reserva no mercado.

No exemplo sugerido aqui a proposta é plotar o risco que o equipamento traz para a unidade utilizando o método apresentado neste livro de risco de equipamentos e associar este à perda de receita, assim teremos o múltiplo de risco versus receita. Assim temos que:

$$\text{Múltiplo Risco} \times \text{Receita} = \frac{\text{Risco}}{\text{Receita}} \times 10^{-3}$$

Obs.: O valor foi multiplicado por 10 elevado a menos 3 somente para que não sejam valores muito altos com muitos zeros e facilite a manipulação dos valores. Caso queira fazer sua tabela sem esta correção estará tudo certo.

Após obtermos o **Múltiplo de Risco** versus Receita inserimos na tabela o valor de investimento necessário para adquirir o equipamento e obteremos o valor da Métrica de Risco da seguinte forma:

$$\text{Métrica de Risco} = \frac{\text{Múltiplo Risco} \times \text{Receita}}{\text{Investimento}}$$

Com isto, plotamos a tabela e podemos plotar o gráfico associado a esta tabela. Aqui utilizei o gráfico de bolhas por ser possível associar 3 informações importantes: o Múltiplo de Risco x Receita, o Investimento e a Métrica de Risco. Na tabela, poderemos fazer as análises numéricas quantitativas necessárias à tomada de decisão.

Tabela 5 - Métrica de Risco para Ativos

Risco	Perda de Receita	Multiplo Risco x Receita	Investimento	Métrica de Risco
20.000	1.000.000	20.000	750.000	27
15.000	500.000	7.500	50.000	150
10.000	250.000	2.500	100.000	25
9.000	2.000.000	18.000	150.000	120
8.000	150.000	1.200	250.000	5
7.000	1.000.005	7.000	75.000	93
6.000	1.750.000	10.500	200.000	53
5.000	400.000	2.000	10.000	200
4.500	2.000.000	9.000	50.000	180

Assim temos o gráfico que deve ser interpretado da seguinte forma:

1. Tamanho da bolha é o valor do investimento, logo, quanto maior a bolha, maior o valor que precisa ser desembolsado para adquirir o equipamento reserva.

2. O eixo vertical é o valor da métrica de risco e quanto maior este valor, melhor é o retorno sobre o investimento, ou seja, em adquirindo este equipamento reserva você estará evitando uma grande perda caso o equipamento venha a falhar e você tenha o reserva em mãos.

3. O eixo horizontal é o valor do múltiplo do risco pela perda de receita e quanto mais à direita estiver maior será a perda, caso venha a falhar.

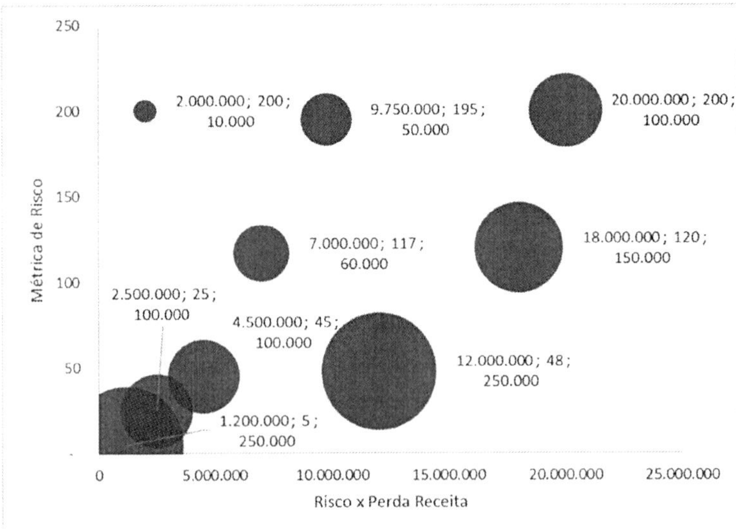

Gráfico 1 - Gráfico de Retorno Sobre o Investimento

Desta forma a interpretação do gráfico será buscar os investimentos baixos com alto retorno sobre este investimento, sendo que neste caso o retorno seria evitar a perda e o risco que estão plotados no eixo horizontal do gráfico. Então analisando o gráfico podemos concluir que precisamos buscar bolhas na parte alta do gráfico que estão mais à direita e o quanto menores melhores; já que o tamanho da bolha é o tamanho do investimento. Assim se analisarmos as bolhas altas destacadas no retângulo tracejado temos 3 bolhas. As 3 apresentam retorno em torno de 200 com ganhos diferentes. A bolha menor é a que requer menor investimento, mas oferece pouco ganho na mitigação de risco versus perda de receita. A bolha central requer um investimento intermediário em relação às outras duas e oferece um retorno também em torno de 200. Lembre-se que quanto maior o valor do eixo vertical maior o retorno. Já a bolha da direita oferece também retorno de 200, mas tem uma mitigação de risco muito alta já que o valor do eixo horizontal está bem alto, porém tem um investimento alto em relação aos demais. Assim, agora é necessário tomar a decisão de em qual investir. Isto vai depender da estratégia e dos recursos disponíveis que cada empresa tem para o investimento. Quando se fala em retorno financeiro é logico que vamos começar pelo menor custo com o mesmo retorno. Já quando se quer mitigar ao máximo o risco e temos o recurso financeiro podemos optar em investir no mais alto custo já que mitiga muito o risco.

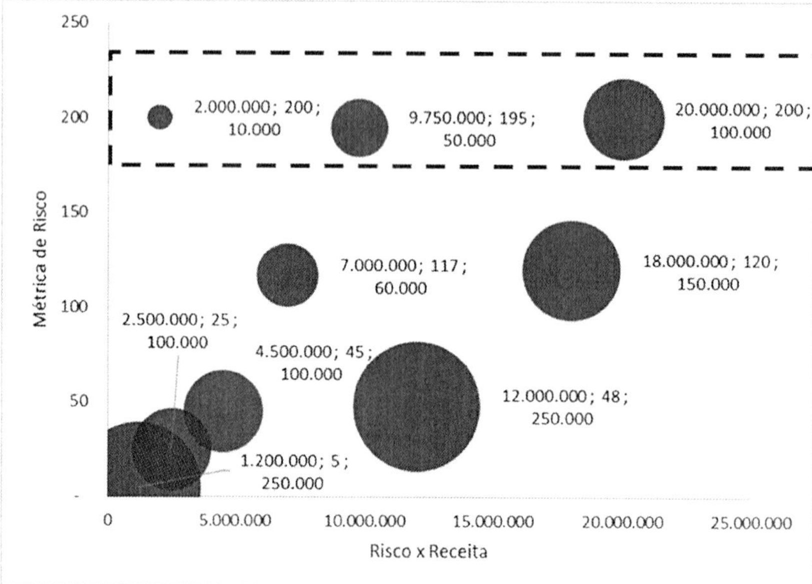

Gráfico 2 - Análise e Interpretação do Gráfico de Retorno

Este método permite ao gestor de manutenção pensar da mesma forma que um investidor do mercado financeiro que investe nos ativos que trazem o maior retorno possível com o menor risco possível associado e de acordo com os recursos que este investidor tem para investir. Ainda será possível fazer associações e combinações de investimentos dependendo do recurso que se tenha disponível para investir. Isto insere o gestor de ativos num novo cenário de tomada de decisão no seu dia a dia, já que para os ativos que oferecem alto risco versus perdas e que não havia recursos financeiros para investir é possível tomar medidas que possam mitigar ao máximo o dano neste equipamento; inserindo técnicas de manutenção que permitam prevenir o defeito no equipamento, predizer a falha, antecipar-se à falha e evitar que esta aconteça. Bem-vindo ao novo patamar de gestão de manutenção! O da gestão Classe Mundial.

4.1.5.2 Gestão do Ciclo de Vida

O gerenciamento do ciclo de vida dos ativos é bem amplo e de forma geral ignorado pelas organizações. Existe uma série de itens básicos que são ignorados pelas empresas no momento de cuidar de seus ativos. Esta atitude de não olhar para os ativos físicos de forma ampla e com visão estratégica e de longo prazo faz com que muitas organizações desperdicem muito dinheiro e não apresentem o resultado que poderiam e que deveriam apresentar. Considero que o ciclo de gestão de ativos deve ser feito com a curva DIPF como o mostrado na figura abaixo:

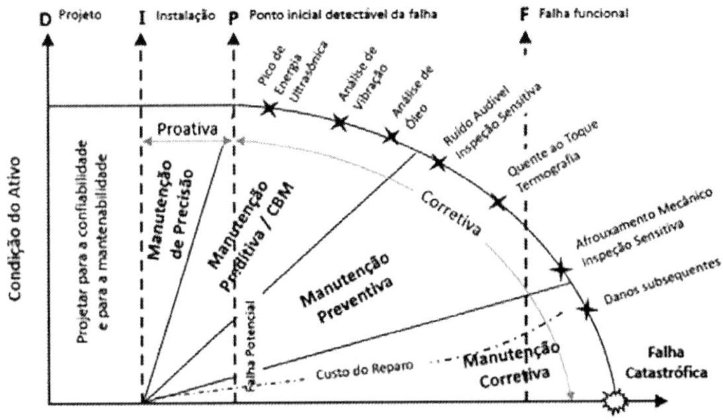

Figura 48 - Curva DIPF[3]

Em geral as empresas fazem uma boa gestão das falhas, ou seja, a partir da linha de falha potencial do equipamento é que se preocupam com o que deixaram para traz. Neste momento vão procurar o manual, os relatórios de análises de startup e buscar informações dos equipamentos no sistema de manutenção. Mas se a fase anterior não foi bem-feita, não existirá nada pronto e neste momento descobrem que a falha surgiu devido a não ter cuidado do ativo como este deveria ser cuidado, não sabiam o ciclo de vida e o ciclo de falhas ou não fizeram a manutenção preventiva que o equipamento exigia.

Na fase de projeto devem pensar na mantenabilidade e na confiabilidade. Projetar para que seja confiável e caso apresente falha possa ser reparado no menor tempo possível. Acessos de manutenção e layouts adequados podem fazer uma diferença enorme no momento da atuação da manutenção. Dispositivos de movimentação de cargas já disponíveis nos equipamentos e equipamentos instalados em locais de fácil acesso diminuem a necessidade de mão de obra.

Entre a fase de projetos e instalação é que devem ser disponibilizados os manuais, treinamentos, desenhos, listas de peças sobressalentes, equipamentos reservas e organizar tudo isto no sistema de ERP ou outro que atenda a manu-

[3] Adaptado de Dustin M. Etchison e Terrence O.

tenção garantindo assim que no momento da necessidade tudo esteja disponível. Garantir o inventário e a classificação dos equipamentos e garantir que todas as informações dos equipamentos estejam no sistema de manutenção para futuras aquisições e para que possibilite a gestão de ativos no futuro. A equipe de engenharia de manutenção deve providenciar as análises dos equipamentos e instalações juntamente com os fabricantes e instaladores para definir a política de manutenção para cada ativo e para que sejam estruturados os planos de manutenção, as rotas de lubrificação e inspeção a fim de garantir que tudo esteja pronto no startup do projeto.

Na fase da montagem é necessário que se garanta que tudo seja feito como mandam as técnicas de manutenção de precisão. Na fase de montagem é necessário cuidar dos seguintes pontos: Alinhamentos, balanceamentos, lubrificações, suportação adequada nas tubulações, torqueamento, fixações, sensores de segurança e intertravamentos de segurança e toda a sequência de testes a vazio e depois com carga, com o acompanhamento de inspetores de qualidade e de preventiva e preditiva para gerar os primeiros dados para o banco de dados dos equipamentos.

Na fase de projeto é que se perde muito dinheiro e isto já é conhecido de longa data pelos gestores de projetos que estudaram o PMBOK e ou a metodologia FEL da Dupont. Para relembrarmos deste conceito observem a curva de gestão de projetos abaixo:

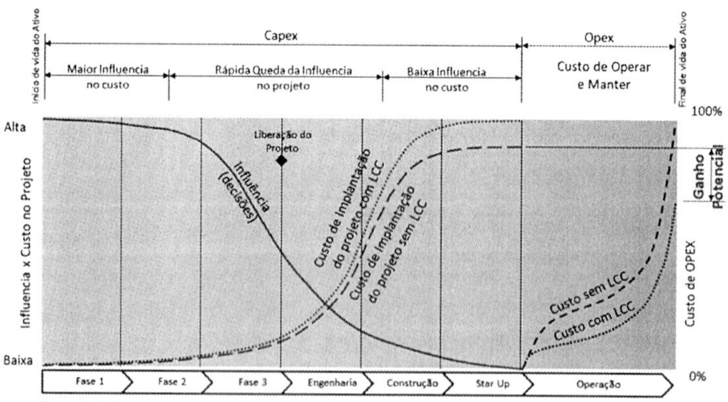

Figura 49 - Custos de projetos versus manutenção e operação[4]

[4] Adaptado da metodologia FEL da Dupont.

O gráfico acima adaptado da metodologia FEL da Dupont demonstra que o nível de influência que você tem nos custos de projeto está relacionado às fases de projeto, ou seja, enquanto o projeto avança o seu poder de deixar o projeto mais barato se perde e sua capacidade de mudar o rumo do custo do projeto se acaba. O que devemos pensar sobre isto, e o que demonstro no gráfico acima, é que se a decisão durante o projeto não estiver com o pensar na fase de operação e manutenção do projeto isto pode custar muito dinheiro para a empresa na fase de OPEX.

Dentre estes custos podemos citar:

- Custo de aquisição de sobressalentes altos: dependendo da tecnologia que se adote os custos de peças e mão de obra podem ser extremamente altos. O nível de serviço de determinadas empresas é ruim e o nível de qualidade e confiabilidade dos equipamentos e instalações também são muito insuficientes. Outro ponto a considerar neste aspecto é que quanto menos componentes existirem nas instalações, maior será a confiabilidade e assim menor o índice de intervenções e logo menor o custo de mão de obra e de peças. Então, o time de engenheria de manutenção atuando no projeto deve analisar entre um acionamento que tem redutor, polias e correias versus um acionamento com um inversor que possa fazer a relação de velocidades.

- Custo de aquisição de equipamentos reservas: muitas empresas não consideram no time de projetos a engenharia de manutenção e relevam esta importante fase do projeto. Não há um time de profissionais nas equipes de projetos que possa analisar as tecnologias e equipamentos já existentes na empresa e adquirem equipamentos diferentes dos já instalados sendo que tem a oportunidade de selecionar equipamentos iguais evitando o custo de aquisição de equipamentos reservas. Existem empresas que têm milhões em equipamentos reservas por este motivo. Cada projeto de aumento de capacidade e de modernização traz equipamentos similares e não idênticos onerando muito o OPEX e o CAPEX de manutenção.

- Rendimento de equipamentos e instalações: Muitas empresas não levam em conta o rendimento dos equipamentos e instalações e isto ocasiona um custo de operação altíssimo. Caso o time de projetos não considerar uma diferença em rendimento de 2% de uma bomba de 750 CV de potência na tomada de decisão de qual bomba escolher, isto pode causar um custo enorme durante o ano em energia elétrica ou ainda não avaliar que o custo maior de aquisição de um tubo de recalque de maior diâmetro pode economizar muito em energia devido a menor perda de carga. Em empresas que utilizam químicos em seus processos é necessário que sejam considerados os consumos destes produtos no rendimento das instalações.

O menor custo de projeto e aquisição não é o melhor custo para a empresa. É necessário que se tome decisões baseadas no ciclo de vida dos ativos e não somente no investimento inicial.

Notadamente no gráfico acima é percebido que para termos um projeto que leva em conta o LCC é necessário ter um custo maior no CAPEX. Isto não é regra, mas podemos esperar que isto aconteça com quase certeza. Isto se deve ao fato que devemos ter mais tempo para a análise de engenharia e para buscar no mercado, através de estudos mais profundos, a melhor opção em termos de ciclo de vida e não somente de aquisição de material e equipamento. Ainda pode acontecer casos em que o custo de aquisição de determinado equipamento e/ou tecnologia tenha custo maior do que simplesmente adquirir os equipamentos menos custosos. A conclusão desta análise é que no final do ciclo de vida teremos um ganho potencial para a companhia.

4.1.6 Confiabilidade

Mas afinal o que vem a ser esta confiabilidade? Muito se fala no dia a dia, mas ficamos parafraseando e não definimos, no entanto, o que devemos esperar de um equipamento confiável. Quanto esperar de uma bomba que trabalha 24 horas por dia num ambiente agressivo (contaminação por poeira, água e produtos químicos) com temperatura acima de 80 graus?

Segundo o dicionário Michaelis confiabilidade é: "Qualidade ou estado daquele ou daquilo em que se pode confiar". A pergunta aqui é a seguinte: Você confia em quem não conhece? Você é apresentado a um sujeito hoje e já confia a ele o seu cartão de crédito para fazer compras no shopping? Esta é a questão com os equipamentos que estão instalados em sua empresa, se você não os conhece como vai poder confiar? Como vai poder garantir a confiabilidade deste ou daquele para o seu gerente ou diretor? Como a empresa vai confiar na manutenção para fazer a gestão deste ativo garantindo a continuidade operacional e o lucro da empresa?

Para a metodologia TPM[5] o atributo confiabilidade é definido como a imunidade à deterioração da função e da perda da função e isto é caracterizado pelos seguintes fatores:

- Baixa taxa de falhas;
- Baixo tempo inativo e pequenas paradas;
- Baixa taxa de defeitos de qualidade; à prova de corrosão;
- Sistema de controle altamente confiável;
- Necessidade de pequenos ajustes;
- Tempo do ciclo da máquina estável;
- Precisão estática e dinâmica facilmente medida e alta qualidade de solda.

Ainda citando TPM; esta metodologia afirma que a maioria das quebras acontecem por 3 fatores básicos de cuidado com os equipamentos e por isto são abordados no Pilar de Gestão Autônoma. Neste pilar são definidos os padrões para estes fatores, sendo: limpeza, lubrificação e inspeção. Isto sendo bem feito garante a confiabilidade dos ativos.

Este tema inspira outras necessidades que as empresas têm atualmente, que é a necessidade de transformar em seu ambiente de produção. Se você ensinar seus manutentores e operadores que isto gera aumento de confiabilidade nas máquinas você estará muito à frente de seus concorrentes. Nada de ficar inventando programas mirabolantes de melhoria contínua que lhe custarão muito dinheiro. Claro que se estes programas forem bem estruturados e tiverem realmente o objetivo de retorno financeiro para sua empresa vai lhe ajudar muito, mas o que precisa ser feito é o básico. Então foque sua energia no simples e óbvio. Portanto, limpe, inspecione, lubrifique.

4.1.6.1 Elementos de Fixação

Adicionalmente a estes três fatores ainda podemos afirmar que elementos de fixação causam boa parte dos problemas que vemos nas indústrias. O básico novamente que garante que tudo está nos devidos lugares, afixados e bem mantidos nas suas posições de trabalho. Os operadores e manutentores devem aprender a inspecionar estes elementos que são de fácil inspeção e são altamente importantes para tornar os equipamentos confiáveis. Faça o seguinte teste na sua empresa. Vá ao GEMBA[6] com os olhos voltados para inspeção de elementos

[5] TPM em Indústrias de Processo, pag. 176; publicado por Tokutaro Suzuki

[6] GEMBA – Conceito utilizado no TPM para definir o local onde as coisas acontecem ou onde as operações das fábricas são executadas.

de fixação e anota todos os desvios que você encontrar em cada equipamento. Garanto que você vai se surpreender com a quantidade de coisas soltas e por cair na sua empresa. Vá aos detalhes e verá uma quantidade ainda maior de desvios. Porcas faltando, parafusos faltando, arruelas faltando, abraçadeiras soltas, tubos sem suporte ou com suportes insuficientes e ainda uma série de outros desvios menores. Garanta que tudo está bem fixado que você verá um aumento enorme de confiabilidade em seus equipamentos.

Encontramos elementos de fixação em tudo na nossa vida. E se você analisar as quebras de equipamentos em sua empresa vai encontrar uma infinidade de ocorrências que foram causadas pela falta ou utilização inadequada de algum elemento de fixação. Numa quebra de elétrica, dia destes, o eletricista me falou: "pois é, você fica afirmando que em quase todas as ocorrências têm elementos de fixação, mas na elétrica é diferente". Então perguntei a ele qual foi a última ocorrência que ele teve na máquina relacionada à elétrica. E ele responde todo cheio de razão: "foi um curto num cabo de comando". Então pergunto: foi em que ponto do cabo este curto? E a resposta: "na ligação com o disjuntor". Pronto elemento de fixação de novo. O parafuso do fixador do cabo soltou e causou um aquecimento resultado num curto.

Preste muita atenção nos elementos de fixação de suas máquinas, pois eles podem ser a diferença entre uma máquina estável ou não. Podemos evitar uma série de ocorrências cuidando bem desses itens. Mas precisa ser muito detalhista para ter um resultado excelente neste assunto. Por vezes, vejo os profissionais relevarem estes itens nas rotinas de manutenção e esses podem fazer a diferença entre máquina confiável e não confiável.

4.1.6.2 Manutenção de Precisão

Bem, ainda temos mais por fazer neste assunto de confiabilidade que é básico e simples.

Agora estamos em um novo degrau onde tudo que precisa estar limpo está, tudo está lubrificado, inspecionado e bem fixado. Isto leva sua empresa a outro patamar de confiabilidade. Depois dessas etapas vencidas podemos falar de manutenção de precisão.

O que é isto afinal?

Nada mais é do que fazer o trabalho de manutenção seguindo o manual do fabricante e respeitando as tolerâncias que precisam ser respeitadas. Ensine os seus manutentores a fazer o básico bem feito. De novo? Sim. O básico novamente. Avalie em sua empresa quais são as atividades que correspondem a 80% das atividades do dia a dia de seus manutentores, ou seja, utilize o Pareto novamente. Se as principais atividades desenvolvidas na rotina estiverem padronizadas isto vai lhe garantir um resultado 80% melhor do que hoje. Então alinhar os equipamentos respeitando as tolerâncias, tencionar e alinhar as correias conforme o manual, ajustar o rolamento de acordo com a tabela de folgas recomendadas, aterrar o que precisa ser aterrado, passar os cabos de sinal em bandejas separadas das de cabos de força garante um aumento considerável na confiabilidade. Aqui citei muitos exemplos de mecânica por considerar que é nesta área que existem mais deficiências de manutenção de precisão, embora tenha oportunidade em todas as áreas. E tem mais um detalhe, a mecânica é muito visual e permite facilmente transferir conhecimentos básicos a funcionários não especialistas de forma muito rápida, e ainda o retorno será rápido, então, foco na mecânica.

Veja pelo seu exemplo na sua casa. Quantas vezes você leu o manual do seu eletrodoméstico antes de ligá-lo na tomada? Posso garantir que muitos de nós fazemos isto com muita frequência por acreditar ou pressupor que já sabemos tudo sobre o equipamento e que não há necessidade de fazer a leitura do manual. Será que isto está acontecendo na sua empresa também com a sua equipe de manutenção?

Para executar a manutenção de precisão precisamos ler os manuais. Neles encontraremos as informações básicas sobre os ajustes necessários que devem ser feitos nos equipamentos. Consultar os desenhos também é necessário, básico e fundamental. Por várias vezes me deparei com situações em que fiz a pergunta: Já consultou o desenho? E qual foi a resposta? Ainda não. Ou pior; não encontramos os desenhos. Como saber as medidas, as folgas, as tolerâncias e os ajustes que devemos fazer nas nossas máquinas se não temos os desenhos e o manual? Comece por este ponto para fazer manutenção de precisão. Tenha os desenhos e os manuais.

Depois desta etapa devemos disciplinar nossos profissionais a fazerem uso dos manuais e desenhos para garantirmos que o trabalho de manutenção será executado dentro dos padrões necessários ao bom funcionamento das máquinas. Uma forma de simplificar o trabalho rotineiro é utilizar padrões de uma página que contenham as informações essenciais dos equipamentos e que estejam de fácil acesso dos profissionais. Crie padrões de montagem e manutenção simples e que contenham as informações necessárias para a correta manutenção dos equipamentos.

Outro aspecto importante é a utilização de componentes adequados na revisão de equipamentos. Não vai adiantar você utilizar um alinhador a laser para alinhar uma bomba que você montou com um parafuso de fixação com classe de resistência errada. O resultado não será satisfatório. Os elementos de fixação devem estar adequados ao uso de acordo com os equipamentos que utilizarão estes elementos. Outro aspecto que deve ser verificado é a adequação dos furos que receberão estes parafusos. Vemos com muita frequência furos com diâmetro de 25 recebendo parafusos de 15 mm. Folgas exageradas e provavelmente parafusos com o corpo inadequado ao esforço, já que o mecânico quis facilitar o trabalho e colocou um parafuso muito menor. Ou ainda porque não conseguiu alinhar e tomou esta iniciativa.

Uma coisa muito comum que vejo nas empresas é o desconhecimento do funcionamento básico, ou o conceito, de alguns elementos de fixação. O manutentor precisa pensar no propósito das coisas e somente um trocador de parafusos. Qual o princípio de funcionamento de uma chaveta, por exemplo, como este elemento funciona. Coisas que este profissional já deveria ter trazido da escola que frequentou, mas parece que a síndrome do aluno prevalece neste momento. Depois que se formou esqueceu tudo que aprendeu para se formar. Quais devem ser as tolerâncias de uma simples chaveta e quais as medidas importantes deste elemento. Porque esta simples peça pode trazer um prejuízo enorme para a empresa. Conheço um sujeito que sempre afirma que o diabo mora nos detalhes. Parece que esta frase se aplica como uma luva neste assunto.

Então se você quer garantir maior confiabilidade através da manutenção de precisão comece por estes itens na sua empresa.

4.1.6.3 Limpeza

Você já tentou inspecionar algum equipamento ou componente com este estando coberto de sujeira? Pois é; isto torna esta tarefa impossível! Então precisamos garantir que os equipamentos e instalações estejam em condições adequadas de limpeza. Porém aqui vale uma pergunta. Qual é a condição adequada de limpeza? Como determinamos o que, onde e quando limpar?

Neste ponto várias empresas se deparam com a dúvida e criam uma série de padrões de limpeza que somente vão encher o sistema de lições de um ponto ou de procedimentos de coisas obvias. As organizações devem tomar muito cuidado neste momento para não criar monstros que se tornarão impossíveis de administrar no futuro. Uma série de documentos que deverão ser cuidados e mantidos e uma série de necessidades de treinamento que deixarão o pessoal de gente e gestão malucos no intuito de garantir recursos para executar todos estes treinamentos.

Então, muito bom senso neste momento.

O padrão de limpeza dependerá das características de cada empresa e da cultura existente nesta. Depende também do ramo de atividade da empresa em questão. Numa empresa cimenteira haverá, sim, partes que não receberão a limpeza no mesmo padrão que uma empresa de papel, por exemplo. Numa empresa do ramo de madeira não veremos o mesmo padrão de limpeza que numa empresa do ramo de combustíveis. Então cada uma com seu cada qual, certo? A definição de padrões deve ser feita de acordo com o que se pretende obter de resultado. Sempre! Não faça nada que não tenha um objetivo muito claro que não seja a obtenção de lucros para sua organização. O resultado final deve nortear todas as suas atividades.

Aqui vale também a classificação de importância e de criticidade de equipamentos e partes da máquina. Primeiro avalie qual é a sua máquina mais crítica e segundo qual é a parte da máquina que realmente precisará e demandará uma limpeza mais apurada. A limpeza de salas elétricas, por exemplo, precisa ser o mesmo em qualquer parte da fábrica, já que neste caso sempre teremos salas com o mesmo padrão de enclausuramento e cuidados devidos à norma NR10 que rege estes padrões, mesmo porque salas elétricas são o coração das máquinas. Para um motor elétrico que fica sob a correia transportadora de madeira e o motor que fica na máquina de papel provavelmente existirá uma diferença, mas as partes vitais precisam ser padronizadas; como a ventilação do motor sempre desobstruída para que não cause deficiência de ventilação e aqueça.

Existem coisas óbvias que precisam ser tratadas de forma cultural e existem as que não são tão óbvias que precisam receber tratamento diferenciado. Não adianta você fazer um padrão de limpeza de piso e treinar o seu funcionário que culturalmente nunca se preocupou em manter o piso limpo. Isso deve estar na cultura da empresa e se você tem este problema resolva o seu problema de cultura. Quando trazemos este tema de cultura, por exemplo, para a área de segurança no trabalho, vemos em algumas empresas, padrões que tratam de bloqueio de energia zero que não serão resolvidos com criação de padrões e sim com mudanças culturais. Um exemplo disto é criar um padrão informando ao funcionário que ele precisa desligar a bomba hidráulica e bloquear eletricamente antes de desconectar a mangueira. Isto é o que alguns consultores chamam de infantilizar o seu funcionário. O raciocínio nos padrões de limpeza deve ser o mesmo.

Bem, em resumo, podemos concluir que a limpeza deve ser tratada com muita energia com um único objetivo nas empresas: aumentar a confiabilidade dos equipamentos. Se você limpa, você inspeciona, se você inspeciona, você conhece seu equipamento, se conhece, você aprende, e aquilo que você sabe e conhece, você confia e, assim, sucessivamente. É um círculo virtuoso de aprendizado e confiança.

4.1.6.4 Inspeção

Aprincipal função desta área é ser os olhos e ouvidos da manutenção. É aqui que se pratica efetivamente a preventiva e a preditiva. Se alguém pode evitar as quebras de manutenção é com certeza o técnico de inspeção. Não são necessárias ferramentas avançadas de inspeção para evitar quebras de equipamentos e instalações, porém, para isto, os técnicos de inspeção devem ser devidamente treinados para as atividades de inspeção que precisam executar. A inspeção sensitiva, de boa qualidade, evita quebras de forma adequada. Para que tenhamos técnicos de inspeção de alto nível precisamos executar o treinamento focado nas expertises de cada tipo de equipamento e instalação existentes na planta.

A melhor forma de executar o treinamento sempre será com uma base teórica simples e um aprofundamento prático de alta qualidade. Se existem quebras de tubulação em sua planta você precisa inspecionar este modo de falha com pessoas que tenham as informações a respeito deste modo de falha. Para isto, você precisa treinar os técnicos de inspeção para serem capazes de executar tal inspeção com a qualidade adequada.

O conceito de um bom inspetor é:

- Aquele que sabe o que procura;
- Aquele que sabe quando encontra;

- Aquele que sabe o que fazer com esta informação[7]

Bem, diante disto, podemos dizer que temos a necessidade de desenvolver os inspetores para serem capazes de reconhecer que determinada instalação ou equipamento não está em condições adequadas para operar de forma a oferecer a confiabilidade necessária ao bom desempenho da máquina. Para que tenhamos o profissional devidamente treinado devemos desenvolver a habilidade deste profissional de enxergar os desvios em relação às condições de base[8] do equipamento. Muitos profissionais desta área passam pelos defeitos e não têm a capacidade de detectar estes, devido não terem desenvolvido a visão crítica que precisam para serem bons inspetores.

Então como realizar um bom treinamento para estes profissionais?

A forma que melhor se enquadra neste caso é sempre buscar um treinamento focado de forma a atingir os resultados da empresa. De nada adianta fazer uma série de treinamentos que não tem a ver com o dia a dia da empresa. Consultar a matriz X das máquinas e plantas da empresa serve para ressaltar quais modos de falha estão acontecendo e desta forma desenvolver pessoas para ter a capacidade de enxergar as possíveis falhas deste tipo de componente a fim de evitar que estas aconteçam.

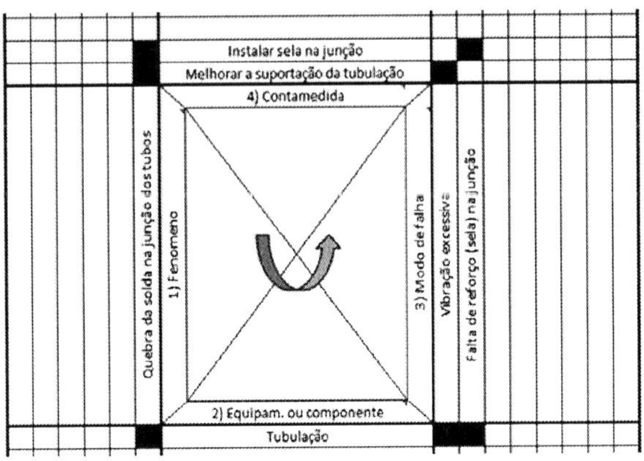

Figura 50 - Matriz X de tubulação

[7] Conceito utilizado nos treinamentos da Efeso pelo Instrutor Luis Ortolan.
[8] Condições de base são as condições adequadas do equipamento operar de forma confiável sem falhar. São as condições tais que o equipamento precisa para oferecer o trabalho a que foi concebido quando do projeto da instalação do mesmo.

Com o conceito de inspeção citado acima e com a utilização de uma matriz com os modos de falha podemos treinar os inspetores a serem aptos a procurar por defeitos como este da tubulação e sabendo o que procura ele vai com certeza encontrar, evitando assim que o defeito aconteça.

Outra função importante deste profissional da manutenção é a de ser o controle de qualidade dos trabalhos de manutenção na empresa. Ele pode ser o diferencial entre um trabalho dentro dos padrões mínimos exigidos e um trabalho com qualidade sofrível. Se utilizarmos o inspetor de manutenção para fazer as conferências de determinados trabalhos mais críticos numa parada, por exemplo, onde temos muitos profissionais terceirizados teremos com certeza um aumento na confiabilidade da manutenção executada.

4.1.6.5 Lubrificação

Este elemento da engenharia é tão antigo quanto o próprio ser humano. Existem relatos de utilização de lubrificantes desde que o homem existe na face da terra, no entanto, ainda vemos muita coisa sendo relevada no aspecto de cuidados mínimos e básicos que devem ser tomados nesta disciplina.

A primeira evidência encontrada de que esta atividade não tem o devido valor nas indústrias é que o profissional de lubrificação é o que tem a formação menos exigida e que ganha com isto os menores salários nas empresas. São raras as empresas onde vemos a área de lubrificação sendo tratada da forma que devia e tendo a importância que deveria ter. Poucos são os profissionais que querem atuar nesta área nas indústrias. Em geral, não há uma área dedicada para esta atividade e os mesmos profissionais que fazem a manutenção mecânica também lubrificam. Sem o devido cuidado, e pior, sem o conhecimento adequado.

As perdas que uma lubrificação malcuidada pode causar numa indústria são monstruosas e podem levar a danos irreversíveis nos equipamentos. Existem casos em que o equipamento é completamente destruído devido à falta ou deficiência de lubrificação. As perdas podem chegar a milhões de reais em equipamentos de indústrias de capital intensivo.

Portanto, todo o cuidado é pouco com a lubrificação. Tenha os profissionais adequados e bem treinados, tenha uma área específica com profissionais dedicados para cuidar da lubrificação de sua empresa e garanta a rotina e os lubrificantes adequados. Identifique os pontos de lubrificação e cuide para que sejam lubrificados conforme especificado nos manuais. Garanta que as lubrificações sigam a periodicidade certa e nas quantidades certas, pois a falta e o excesso podem causar problemas similares nos equipamentos como aumento de temperatura e ocasionar vazamentos indesejados.

O correto armazenamento e filtragem de lubrificantes pode garantir um aumento considerável de confiabilidade nos seus equipamentos. Existem teorias a este respeito que devem ser conhecidas por seus profissionais de manutenção para que o assunto qualidade da lubrificação seja levado mais a sério nas indústrias.

Os operadores das máquinas precisam saber sobre o assunto e precisam cuidar da lubrificação de suas máquinas. Eles precisam receber treinamentos adequados e específicos sobre lubrificação. Existem várias empresas que transferiram esta atividade para operadores e tiveram excelentes resultados, mas cuidado. Operadores nunca serão especialistas em lubrificação. Recomendo que você tenha profissionais dedicados e especialistas e que transfira para os operadores as atividades menos complexas como rotas de lubrificações de simples reposição. Aquelas que não exigem expertise e sim disciplina podem e devem ser transferidas, mas sempre sob os olhos dos especialistas para avaliar se tudo está saindo como o planejado.

Neste assunto de atividade de lubrificação feita por operadores, cabe muita gestão visual e controles de rotas, assim como facilidades de acesso devem ser pensadas para centralizar os pontos de lubrificação para diminuir o esforço e ganhar em produtividade na execução.

Então para aumentar a confiabilidade de seus ativos faça as coisas básicas bem-feitas com muita disciplina que você estará no rumo da excelência na manutenção. Com estes elementos definidos e detalhados podemos resumir a confiabilidade nesta figura, ou seja, os impulsionadores da confiabilidade são: Limpeza, inspeção, lubrificação, elementos de fixação e manutenção de precisão. Garanta que estas especialidades estejam bem cuidadas por todos em sua empresa que você verá um resultado extraordinário.

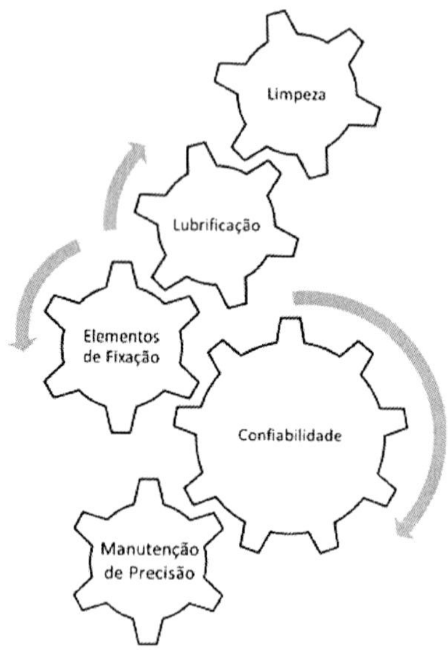

Figura 51 - As Engrenagens que Impulsionam a Confiabilidade

4.1.6.6 Engenharia de Manutenção

A engenharia de manutenção deve ter papel fundamental no chão de fábrica com um objetivo muito claro e definido: *Aumentar a confiabilidade dos equipamentos e instalações.*

A engenharia deve ser a detentora da metodologia de trabalho para a garantia da confiabilidade. Ela deve ser a especialista na utilização de ferramentas avançadas de análise de falhas e de aumento da confiabilidade. Existem várias ferramentas que podem ser utilizadas para este trabalho desde as mais básicas até as mais sofisticadas; como: análise de falhas, diagrama causa efeito (Ishikawa[9] ou espinha de peixe); FTA (árvore de falhas); FMECA (modos de falhas, seus efeitos e criticidade); RCM (manutenção centrada em confiabilidade) e outras.

Neste livro abordaremos a forma prática de fazer isto tudo acontecer. Isto; em minha opinião; é o que trava os processos de melhoria contínua no chão de fábrica. Falta a abordagem prática para os profissionais. Como transformar as teorias em resultados?

[9] Kaoru Ishikawa – Foi um engenheiro de controle de qualidade japonês considerado um dos homens mais influentes nas teorias de qualidade do Japão. Autor de 637 artigos e 31 livros dentre eles: Controle de Qualidade e O Que é Controle de Qualidade Total.

O primeiro passo é entender quais são as plantas, processos, equipamentos que apresentam falta de confiabilidade, ou seja, não desempenham bem o seu papel causando perdas de produção, qualidade ou performance das plantas. Para que estas informações estejam organizadas é preciso ter em uso um bom sistema de informações na empresa. Este sistema precisa ser capaz de fornecer os locais ou tags que apresentam baixa confiabilidade ou baixo MTBF, os equipamentos que apresentam problemas e quais os componentes destes equipamentos têm falhado. Como ideal de sistema ainda seria muito bom o modo de falha e a causa de cada falha. Com todas estas informações fica muito fácil de fazer os desdobramentos e atuar na confiabilidade.

Mas como nem tudo na vida são flores sabe-se que as empresas no Brasil que possuem tal sistema funcionando de forma eficiente ou eficaz; são raras. Seguem algumas dicas de onde buscar ou garimpar tais informações:

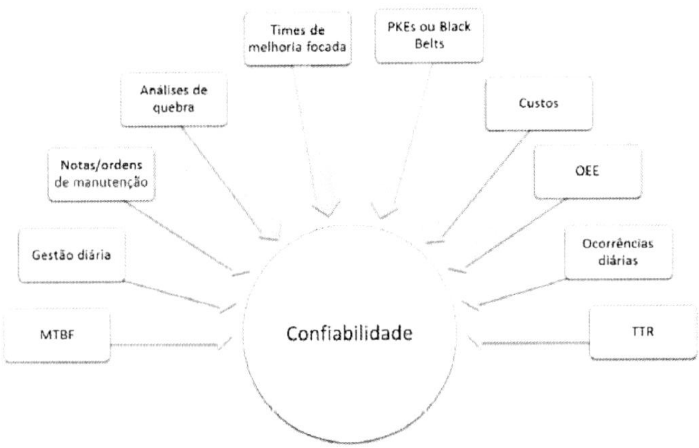

Figura 52 – O Leque da Confiabilidade

O Leque da Confiabilidade é a fonte de dados para a organização e aplicação das ferramentas da confiabilidade. Podemos dizer que o Leque são os inputs de dados para que tenhamos os outputs que são as prioridades de ataque da confiabilidade. Então teremos várias áreas deste alvo a partir destas entradas, algumas com maior resultado e menor esforço, outras com grande esforço e pouco resultado.

Para esta definição podemos utilizar as conhecidas ferramentas da qualidade; sendo:

- Gráfico de Pareto;
- Priorização 9-3-1;
- Porque-Porque;
- Espinha de peixe ou causa efeito;
- Gráfico de priorização (Resultado x custo ou Impacto x facilidade de implementação ou ações implementadas x resultados);
- Teoria das restrições;

A priorização serve para focar esforços na parte do processo que mais afeta o resultado global da empresa. Uma forma de fazer isto na prática é utilizar a teoria das restrições[10] para definir a parte do processo que devemos dedicar esforços. Esta teoria preconiza que o desempenho global de um sistema de objetivos e metas é afetado por uma restrição, sendo a restrição qualquer coisa que possa impedir o atingimento de uma meta. Podem ser internas ou externas. No caso de restrições internas podem ser citadas: pessoas, equipamentos ou política (um procedimento escrito que possa impedir o objetivo).

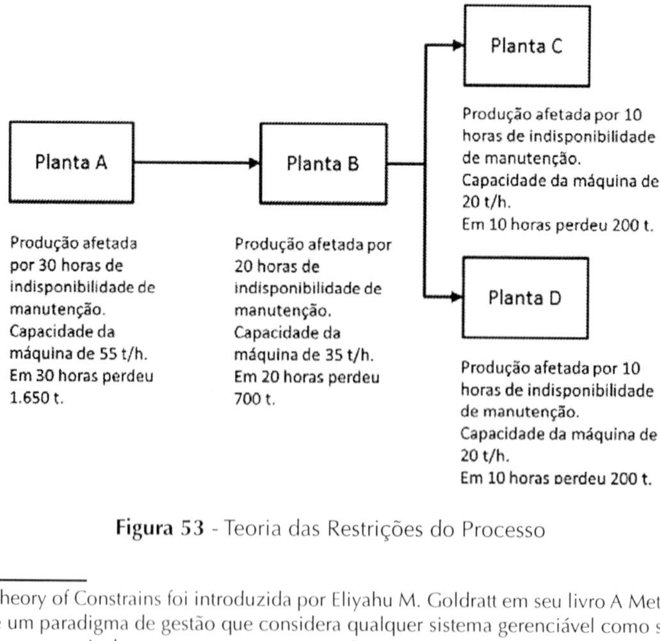

Figura 53 - Teoria das Restrições do Processo

[10] TOC – Theory of Constrains foi introduzida por Eliyahu M. Goldratt em seu livro A Meta de 1984. Trata-se de um paradigma de gestão que considera qualquer sistema gerenciável como sendo limitado em alcançar mais do que suas metas por um número muito pequeno de restrições.

No exemplo da figura acima, fica óbvio, numa primeira análise, o seguinte:

1. As plantas A e B são o gargalo, pois param todo o processo;

2. Dentre as plantas A e B a mais crítica é a planta B que embora tenha uma perda de manutenção menor tem uma capacidade produtiva menor. Com isto, torna a máquina A menos crítica já que tem oportunidade de manutenção planejada sem afetar o resultado. Isto porque, mesmo perdendo 1650 toneladas é possível fazer estoque pulmão entre A e B devido a capacidade da planta de produzir 20 toneladas a mais por hora do que a máquina B.

3. Sendo a máquina B a mais crítica este deve ser quebra zero e perda zero. É aqui que devemos focar os esforços de confiabilidade e de engenharia de manutenção. Será obrigatório que todas as falhas sejam entendidas e analisadas com muita profundidade a fim de evitar que aconteçam. É nesta máquina que vamos colocar os melhores homens da manutenção e as técnicas de manutenção de ponta e a melhor política de manutenção será adotada. As mais avançadas tecnologias de detecção de defeitos serão utilizadas e os melhores equipamentos e técnicos de análises preventivas serão utilizados.

4. Quanto às máquinas C e D podemos fazer uma boa análise de quais políticas adotar, mas como não são gargalo devemos analisar o custo benefício das técnicas que serão utilizadas.

Com a utilização destas ferramentas de priorização podemos agora aplicar as ferramentas avançadas para buscar o aumento da disponibilidade através da confiabilidade dos equipamentos. A aplicação do RCM ou do FMECA tem o objetivo de aumentar o conhecimento da equipe sobre determinado equipamento. Se conhecermos a fundo o equipamento, os seus componentes e os modos de falha podemos definir planos de ação e manutenção para que o equipamento se torne confiável o suficiente para garantir o cumprimento das metas de produção.

Função	Falha	Modo de Falha	Risco	Falha Potencial	Ação	RPA	Responsável	Previsão	Status
1 - Cortar sem rebarbas a folha do rolo jumbo, com ajuste automático, para obter bobinas nos formatos préestabelecidos com velocidade de 10 até 2500 m/min.	1 - Não cortar a folha do rolo jumbo	1 - Não avançar as facas	Baixo	1 - Pressão de ar comprimido abaixo de 4,13 bar por rompimento das mangueiras	1 - Elaborar/Revisar plano preventivo automático de inspeção das condições de integridade das mangueiras e conexões,	Baixo	João		
				2 - Rolamentos de avanço do conjunto das facas travado	1 - Montar estrutura de gestão a vista para o controle de disponibilidade de conjuntos de	Baixo	Pedro		
	2 - Cortar irregularmente a folha do rolo jumbo	1 - Vibração da Faca	Baixo	1 - Falha no sistema de frenagem da faca/contrafaca por falta de alimentação de ar, ou desgaste na sapata ou desgaste na guia.	1 - Incluir no checklist operacional a inspeção da condição das mangueiras de ar da fixação do suporte de facas/contrafacas.	Baixo	Marcio		

Figura 54 - Formulário do RCM

FMECA de Produto																	
Produto			Aplicação				Áreas envolvidas						Data de elaboração				
Data da última alteração			Cliente														
Item	Nome do componente	Função do componente	Falhas possíveis			Atual					Ação corretiva		Resultado				Responsável
			Modo	Efeito	Causa	Controles atuais	Índices				Recomendações	Ações executadas	Índices revistos				
							O	G	D	R			O	G	D	R	
1	Carcaça do eixo traseiro	Suportar o conjunto do eixo	Fratura	Perda dos freios	Espessura inadequada	Nenhum	3	10	10	300	Realizar teste de durabilidade na carcaça	Alteração do porjeto	1	10	10	100	João

Figura 55 - Formulário do FMECA

A área de confiabilidade deve garantir que as informações necessárias para a atuação da engenharia de manutenção estejam disponíveis e com alta qualidade. Sem as informações das ocorrências não será possível ter em mãos a árvore de falhas e isto leva a engenheira e confiabilidade a tatear atrás do foco de trabalho para aumento de confiabilidade e do resultado. Mas se as informações estiverem adequadas, é fácil definir a área crítica ou gargalo em termos de performance. De posse destas informações pode-se definir projetos de aumento de performance e de eficiência através de atuação em várias abordagens, como:

- Disponibilidade;
- Quebras;
- Mantenabilidade;
- Perda de velocidade;
- Custo;
- Qualidade;
- Manutenção por tempo;
- Manutenção baseada em condições;

Para uma área que não entrega resultado por ter alto índice de quebras levando a baixa disponibilidade é necessário que se atue fortemente nas análises das fichas de quebra para estancar as quebras que estão acontecendo. É impressionante como a qualidade das análises é superficial quando a área de confiabilidade não participa, vejo com muita frequência análises que sequer fazem sentido lógico; imagina então resolver o problema definitivamente. A análise deve ter profundidade tal que a quebra jamais volte a acontecer. De posse das ações destas análises é necessário horizontalizar as ações para equipamentos similares garantindo assim que uma análise tenha uma abrangência em toda a máquina evitando assim quebras futuras e ampliando a cobertura das ações no resultado futuro.

Se o problema de determinada área é que tem um MTTR muito alto porque que as instalações não oferecem a mantenabilidade adequada, então devem ser lançados projetos que proporcionem maior manutebilidade para as equipes. Estes projetos muitas vezes são simples e muitas vezes passam por disponibilizar ferramentas, dispositivos e até acessos adequados para as equipes para que possam executar suas funções de forma mais rápida e simples. Estes projetos, em geral, são muito apoiados pelos executantes que se sentem ouvidos e apoiados, já que existirá um grupo de engenheiros dedicados a simplificar suas atividades.

Em algumas áreas é necessário atuar de forma ampla e sistemática com projetos de manutenção por tempo (TBM) ou até por condição (CBM) e nestas áreas será necessário utilizar técnicas como RCM para que se possa saber exatamente o que deve ser feito e quando deve ser feito. Este tipo de análise leva um tempo maior e exige uma dedicação de todos de forma intensa para poder obter resultado, mas, se bem feito, pode reverter em resultados extraordinários.

Ainda é possível, desde que a qualidade das informações esteja boa, atuar com ferramentas de confiabilidade como análise RAM[11] que define o índice de confiabilidade e de probabilidade de falha de forma científica e através de ferramentas de engenharia de confiabilidade. Através de uma análise como esta, é possível definir ótimos planos de intervenção e atuar em adequação de estoques e, com isto, otimização dos custos de manutenção.

4.1.6.7 Estratificação de Manutenção

Existem muitas intervenções da equipe de execução em partes de máquinas e equipamentos que não causam quebras imediatas; mas que precisam ser executadas para garantir que as condições de base de equipamentos e instalações sejam mantidas com o objetivo principal de evitar que quebras aconteçam. A

[11] RAM – Reliability, Availability and Maintainability

equipe precisa ter um método de estratificação e análise destes modos de defeito para poder atuar de forma sistêmica e eliminar ações corretivas.

Estas intervenções muitas vezes não são planejadas e consomem o tempo da equipe ao ponto de termos mais de 50 por cento do tempo destes profissionais atuando de forma corretiva não planejada. Estas anomalias precisam ser entendidas e tratadas com o intuito de evitar a sua recorrência e/ou a sua prevenção.

Outro aspecto e muito mais grave são as intervenções que causaram parada de máquinas e afetaram a disponibilidade ou a performance dos equipamentos. A conhecida quebra de manutenção precisa ter um enfoque muito mais forte, sistemático e abrangente do que as manutenções corretivas não planejadas que não causaram parada de máquina ou planta.

Uma forma de atuar sobre estas intervenções é fazer uma estratificação por local de instalação ou TAG, por equipamento e por componente. Para estas estratificações podem ser utilizadas ferramentas como gráfico de Pareto[12] para priorizar os locais, equipamentos ou componentes que apresentam maior incidência de intervenções. Feita a priorização podem ser utilizadas ferramentas como análise de falhas ou ferramentas mais avançadas como FEMECA[13] ou mesmo RCM[14].

Através de uma boa priorização então se deve começar pelo método mais simples e tradicional e nas ocorrências que causaram as maiores perdas. Fazer uma boa análise de falhas nas ocorrências que pararam máquinas e afetaram a disponibilidade já elimina 80% dos problemas e conforme Pareto, para isto basta trabalharmos em 20% dos fenômenos.

A sugestão aqui é fazer de forma simples, como ilustrado nos gráficos seguintes. Através da disponibilidade da planta que será foco da análise fazer o aprofundamento da análise através de Pareto e chegar ao equipamento e componente que causou a perda.

---

[12] Wilfried Fritz Pareto nasceu na França em 1848 e foi um cientista político, sociólogo e economista italiano já que sua família voltou para Itália em 1867. Em 1897 executou um estudo sobre a distribuição de renda. Através deste estudo, percebeu-se que a distribuição de riqueza não se dava de maneira uniforme, havendo grande concentração de riqueza (80%) nas mãos de uma pequena parcela da população (20%).

[13] FMECA – método qualitativo para a definição dos modos de falha, efeito e criticidade criado pelos militares americanos no final da década de 40.

[14] RCM – Manutenção Centrada em Confiabilidade foi criada na década de 60, nos EUA, por empresas aéreas para evitar acidentes de aviões.

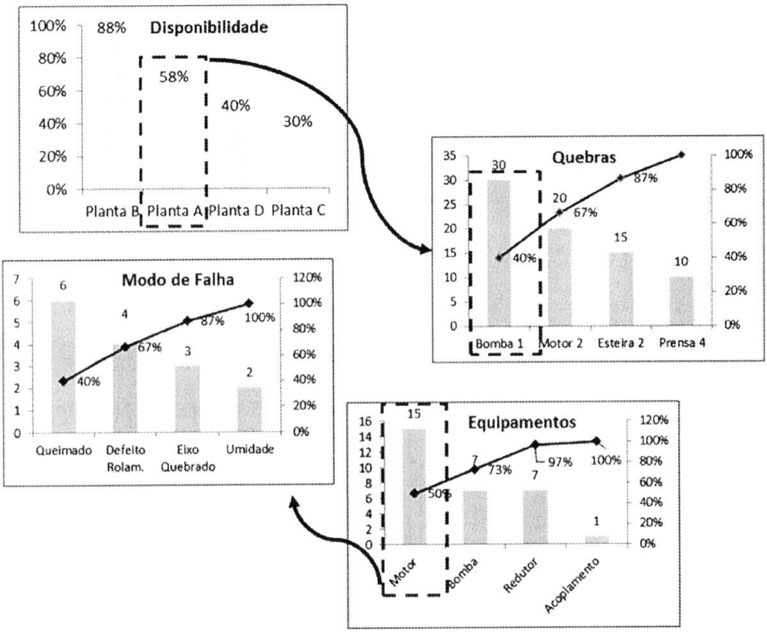

Figura 56 - Estratificação até modos de falha

Depois desta etapa, a primeira abordagem deve ser feita através da análise de quebras. Esta análise deve ser feita por profissionais que tenham o conhecimento do funcionamento do equipamento e que dominem o método de análise. As ferramentas aqui sugeridas são a ficha de quebra, o porque-porque e uma matriz X para registro das contramedidas.

4.1.6.8 Análise de Quebras

O inimigo principal da manutenção são as indisponibilidades causadas por quebras de equipamentos e instalações. Quando a equipe de execução tem resultados ruins e existem muitas quebras na sua planta, cada quebra ou indisponibilidade precisa ser analisada para que exista um plano de ação para aumento da disponibilidade.

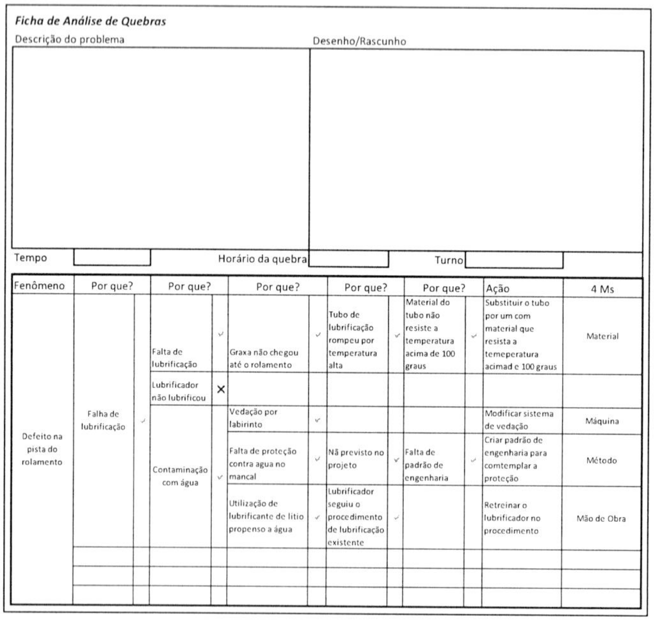

Ficha de Análise de Quebras

Descrição do problema | Desenho/Rascunho

Tempo | Horário da quebra | Turno

Fenômeno	Por que?		Por que?		Por que?		Por que?		Por que?		Ação	4 Ms
Defeito na pista do rolamento	Falha de lubrificação	✓	Falta de lubrificação	✓	Graxa não chegou até o rolamento	✓	Tubo de lubrificação rompeu por temperatura alta	✓	Material do tubo não resiste a temperatura acima de 100 graus	✓	Substituir o tubo por um com material que resista a temeperatura acimad e 100 graus	Material
			Lubrificador não lubrificou	X								
			Contaminação com água	✓	Vedação por labirinto	✓					Modificar sistema de vedação	Máquina
					Falta de proteção contra agua no mancal	✓	Nã previsto no projeto	✓	Falta de padrão de engenharia	✓	Criar padrão de engenharia para comtemplar a proteção	Método
					Utilização de lubrificante de litio propenso a água	✓	Lubrificador seguiu o procedimento de lubrificação existente	✓			Retreinar o lubrificador no procedimento	Mão de Obra

Figura 57 - Modelo de análise de falha

Algumas vezes existem tantas quebras que se torna difícil administrar todas as ações que levaram à garantia da perpetuação dos resultados. Uma forma de gerir estas ações é a utilização de uma matriz que é conhecida como matriz X.

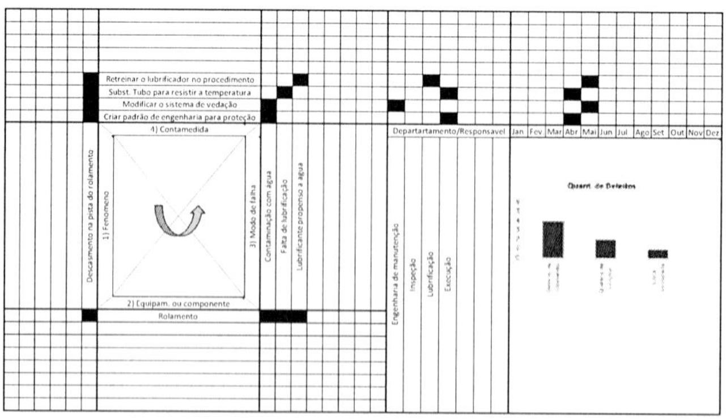

Figura 58 - A Matriz X da Execução de Análise de Falha

Esta matriz torna a análise das causas e efeitos muito rápidos e prática para o melhor entendimento dos defeitos que se apresentam na máquina. Ela deve ser tratada de forma visual e deve estar na gestão á vista das equipes que cuidam da máquina. É uma ferramenta que deve ser preenchida toda vez que se fizer uma análise de porque-porque transferindo para a matriz as informações da análise. A matriz também será utilizada pela equipe de confiabilidade que pode fazer uso desta para entender com mais profundidade os problemas de manutenção de determinada máquina e atuar de forma a apoiar a equipe de execução na eliminação dos pontos fracos. Ainda existe uma outra vantagem na utilização desta matriz que é a eliminação de análises repetidas pelo mesmo fenômeno no mesmo equipamento. Isto pode acontecer se uma falha cíclica acontecer, de tempos em tempos, e isto não esteja nos registros das quebras de forma adequada, tornando o trabalho de pesquisa mais difícil. Com o registro adequado na matriz X o profissional pode consultar o fenômeno ocorrido na matriz e simplesmente resgatar a análise anterior fazendo uma releitura desta e analisando o que causou a falha novamente. Isto pode ocorrer por alguns motivos, sendo:

1. A falha não foi bem analisada a causa raiz não foi eliminada;
2. O plano de ação não foi executado na totalidade;
3. A ação não foi bem implementada;
4. O fenômeno é similar, mas não é o mesmo e neste caso devemos fazer uma nova análise;

Detalhando um pouco mais esta ferramenta temos a área central que contempla:

1. O fenômeno – é a evidência físico-química que se apresenta no componente ou equipamento que se está analisando. O que você consegue visualizar na peça. Ex. corrosão, trinca, descascamento, fusão etc.

2. O equipamento ou componente onde ocorreu a falha – nada mais é do que onde aconteceu. Se o objeto da análise é um componente como um rolamento ou um motor. Lógico que aqui cabe o conceito de equipamento ou componente. O que é considerado componente ou equipamento de acordo com a sua política de manutenção. Considerar que equipamento é aquele ativo no qual você está disposto a fazer manutenção e componente é aquele que, caso dê defeito, você não faz manutenção. Ex. de componente – rolamento já que você não faz manutenção neste item. Ex. de equipamento motor acima de 5 CV já que você definiu que

o custo benefício vale fazer o reparo deste item. Então é equipamento.

3. O Modo de Falha – este é a causa pela qual o equipamento ou componente pode falhar.

4. A contramedida é a ação definida para que aquele modo de falha não mais se apresente no componente ou equipamento objeto da análise.

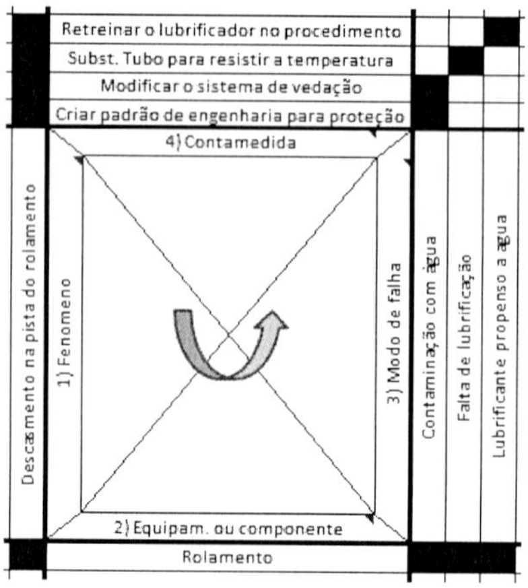

Figura 59 - Matriz X Contramedidas

Então esta ferramenta correlaciona estes quatro aspectos e traz de forma muito visual qual contramedida deve ser feita e mantida para que aquele modo de falha não mais se apresente naquele componente. Assim é preciso somente garantir que a contramedida foi feita e será feita para que a falha nunca mais se apresente.

A versão da matriz aqui apresentada traz ainda outros pontos que podem ou não ser utilizados no dia a dia da gestão das falhas de manutenção, sendo:

1. A área responsável por executar a ação;

2. Quando será executada a ação;

3. Um gráfico de controle de quantidade de defeitos por modo de falha na máquina em questão.

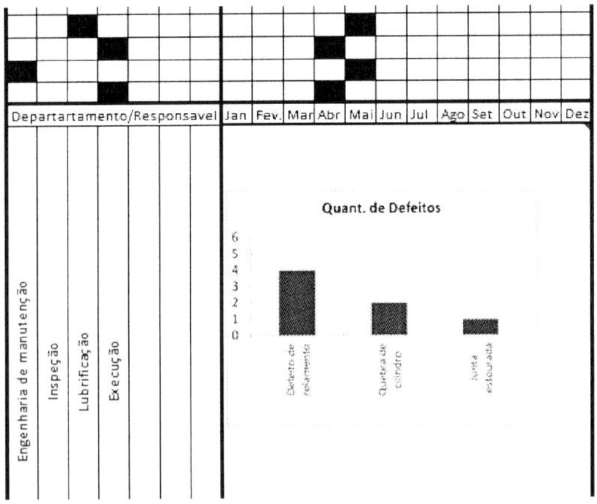

Figura 60 - Matriz X responsáveis e prazos

Com a utilização destas duas ferramentas simples tornamos a análise dos defeitos rápida e eficiente, já que todos das equipes de manutenção terão acesso no quadro de gestão a vista de sua oficina e todos saberão quais são os componentes e os modos de falha que afetam o desempenho da máquina na qual eles prestam o serviço de manutenção. Isto engaja e torna as pessoas responsáveis pelos resultados. Assim, todos, no momento de executar a manutenção, poderão se lembrar de que a tarefa que está sendo executada pode causar uma parada e causar um grande prejuízo. O lubrificador na sua tarefa de cumprir a rota de lubrificação vai lembrar que a máquina já parou por uma utilização de um lubrificante inadequado para o local onde o equipamento estava instalado e vai executar a tarefa com esmero e dedicação.

4.1.6.9 Confiabilidade e a Indústria 4.0

Quando começo a pensar como foi a evolução da tecnologia ao longo de minha carreira na indústria fico até assustado. Como o ser humano tem alta capacidade de adaptação. No início de minha carreira na área de engenharia e projetos da empresa onde comecei a trabalhar, detalhávamos os projetos e fazíamos os desenhos em pranchetas com tecnígrafos. Imagino que os profissionais com menos de 20 anos de experiência sequer sabem o que é isto. Depois de 5 anos atuando nesta área foi implantado o Autocad R12, uma versão DOS do software. Era tão complicado que não sei como aprendemos aquilo. A interface homem máquina era bem ruim ainda naquela época. O fato que, de lá para cá, tivemos uma evolução muito rápida da tecnologia e hoje temos recursos simples e baratos para quase tudo que temos de necessidades. Temos condições de fazer quase tudo de maneira remota e com um simples apertar de ícone. Já não mais de botão físico e sim virtual. Penso que o mundo ficou mais simples e ao mesmo tempo complexo. Simples pela facilidade de fazer as coisas e complexo pela quantidade de informações e dados que chegam e são extraídos de nós a todo o momento.

Atualmente com os recursos altamente avançados da indústria 4.0 tornou-se muito mais fácil atingir índices de alta performance de manutenção em equipamentos e instalações das indústrias. Hoje temos recursos disponíveis a custos muito acessíveis para que possamos monitorar a saúde dos equipamentos e com isto fazer a gestão dos ativos de forma muito mais eficiente tornando a rotina da manutenção uma tarefa cada vez mais fácil.

A operacionalização das atividades de mobilidade, sensorização, transferência de dados, rastreabilidade de equipamentos e monitoramento de sinais vitais dos equipamentos já é possível sem um grande esforço, seja de projeto, implantação ou de custos para que se torne possível que estes sistemas gerem um potencial de resultado surpreendente.

Se quisermos comparar o avanço que esta tecnologia proporcionou basta pensarmos que definíamos a rota de inspeção de análise de vibrações, por exemplo, a cada 15 dias ou a cada 30 dias em determinados equipamentos e em casos extremos a cada semana; e dependendo das tendências que os equipamentos apresentassem tomaríamos medidas para que controlássemos o defeito que a máquina estava apresentando. Isto era como fazíamos. Hoje temos dados 24 horas por dia, os 365 dias do ano sendo extraído e transmitidos para um centro de monitoramento de ativos e estes dados são modelados em sistemas de inteligência artificial que comparam o comportamento do equipamento ao comportamento esperado deste para as condições de processos. Este tipo de ferramenta trouxe para as manutenções, as condições de se antecipar muito mais rapidamente às falhas dando margem para que as equipes possam se preparar para mitigar os riscos e tornar a intervenção muito mais assertiva e rápida, garantindo assim, transformar em resultados, inclusive as ocorrências que necessitam de paradas de produção.

Ainda existe muito aprendizado a ser feito neste campo, mas o que podemos afirmar é que as equipes de manutenção precisam se preparar para embarcar nesta onda e aproveitar para transformar em resultado os recursos disponíveis.

O homem da manutenção precisa se preparar melhor para as novas tecnologias que a cada dia surgem e de forma rápida e incremental.

E como a área de confiabilidade deve atuar com este recurso tecnológico disponível? Qual tecnologia e onde aplicar determinado recurso nos seus ativos? Não existe outra forma de atuar no dia a dia a não ser dedicar uma equipe do seu staff para que estude as tecnologias existentes e proponha um método de utilização, implementação e instalação. É necessário que sejam analisadas todas as tecnologias existentes, e que se adeque estas à realidade de cada empresa, instalações, equipamentos e políticas de manutenção. Com o tempo, quase tudo vai estar monitorado e com informações 24 x 365, mas até lá precisamos priorizar através da utilização de uma série de fatores. Dentre estes fatores cito:

1. A política de manutenção dos ativos;
2. A criticidade das máquinas;
3. O histórico de falhas;
4. A criticidade dos equipamentos;
5. O recurso de infraestrutura de TI existente;
6. Os custos envolvidos para instalação dos dispositivos;
7. O nível de tecnologia disponível nas plantas para possibilitar a extração e conexão de dados;
8. Os possíveis ganhos em mão de obra evitada de inspetores de preventiva.

Então imagine agora que você tenha todos os seus ativos conectados na nuvem e/ou em um Data Lake e que você possa fazer o cruzamento de todos os dados de equipamentos e dados de processo de suas instalações. Estes dados todos colocados num software de inteligência artificial ou num software de Machine Learning podem; num mínimo nível de variação de comportamento gerar alarmes; e os técnicos e engenheiros podem ser alertados e de antemão possam tomar ações de análises mais profundas e definição de ações de controle e mitigação de risco para evitar que determinado equipamento possa gerar uma falha. Isto é o futuro das manutenções nas fábricas. Busque isto para sua companhia, caso contrário você, seu time e sua organização ficarão ultrapassados.

Na figura a seguir há uma representação do que é possível fazer com a sensorização de seus ativos. Dados dos ativos sendo extraídos on-line e sendo cruzados com dados de processo. Isto permite que seja possível avaliar o ativo como um todo e não mais somente o ativo em si, sem levar em conta o impacto de uma vazão ou de uma pressão da bomba ou ainda a velocidade de uma máquina. Então com um software de Machine Learning é possível configurar janelas de trabalho ótimas dos ativos, também conhecidas por Clusters, para que o software analise os dados a partir desta configuração e atue emitindo alertas na sua própria tela ou através do disparo de um e-mail ou um WhatsApp aos responsáveis por dar o primeiro atendimento neste ativo.

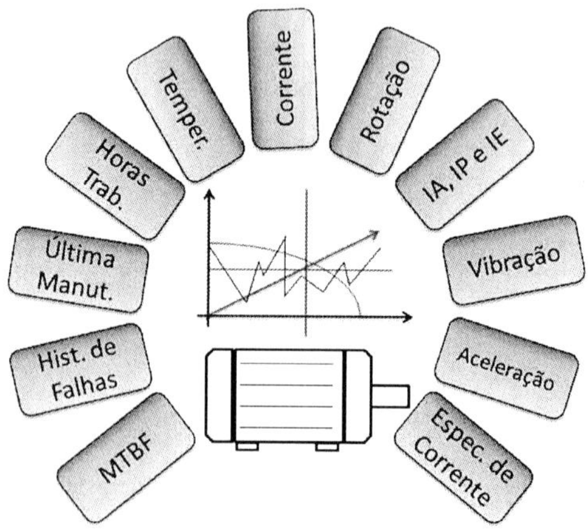

Figura 61 – Dados On-Line Extraídos de Ativos

Esta tecnologia proporciona a você e sua companhia:

- Dados sendo emitidos e analisados 24 x 7;
- Aprendizado com os dados;
- Dados transformados em informação e conhecimento;
- Previsibilidade da falha e da vida útil restante;
- Tomada de decisão a partir dos dados;
- Diminuição de recursos necessários;
- Agilidade nas tomadas de decisões;
- Acesso remoto de profissionais da manutenção;
- Acesso de especialistas para auxílio no diagnóstico de qualquer lugar do mundo;
- Aumento significativo da confiabilidade;
- Redução dos materiais e equipamentos sobressalentes.

Com os dispositivos instalados nos ativos emitindo estes dados para a nuvem é possível mudar o patamar da manutenção e da gestão de ativos físicos. Veja na figura a seguir a nova forma de gestão de ativos proporcionada por esta tecnologia. Profissionais de qualquer lugar do mundo acessando dados e fazendo análises profundas de problemas e definindo a causa e as ações a serem tomadas para resolver o problema.

Figura 62 - Prestação de Serviços da Indústria 4.0

A onda de prestação de serviços que foi proporcionada pela tecnologia precisa chegar à manutenção. Hoje, já não é necessário sair de casa para comprar, pois para tudo que você imagina existe um APP que da sua casa você escolhe a prestação de serviço que precisa e praticamente tudo chega em sua casa. Pensando desta forma, na manutenção, podemos afirmar que estamos muito atrasados em relação a isto e devemos fazer algo a respeito. Já não precisamos ter carro para chegar à faculdade ou ir ao trabalho, não precisamos ter máquina de lavar para ter a roupa lavada e não precisamos cozinhar e sequer ter cozinha em nossas casas já que nossa comida vem até nossa porta.

Então por que devemos adquirir um motor para nossas fábricas?

Deveríamos pensar em adquirir o serviço de potência instalada na ponta de eixo de nossas máquinas com confiabilidade de entrega deste serviço. Imagine que o fabricante de motores forneça este serviço para sua organização. Potência instalada nos seus equipamentos com garantia de qualidade e de confiabilidade e sem a necessidade de adquirir o equipamento. Isto seria uma alternativa realmente extraordinária para todos. Caso o equipamento apresente algum desvio em relação à faixa ideal de trabalho, o próprio fabricante tomaria ações a partir de um centro de monitoramento de ativos e acionaria o prestador de serviços autorizado de forma automática e este, de sua residência, se desloca para o local fazer o primeiro atendimento e análise. Desta forma, não é mais necessário que este profissional tenha um prédio comercial já que pode fazer de sua casa.

Ainda temos muito a fazer para extrair ao máximo os recursos que a tecnologia proporciona e a jornada é bem longa, mas precisamos começar para que não fiquemos muito defasados. O custo já é bem acessível para que você torne seus equipamentos verdadeiros dispositivos inteligentes que se autodiagnosticam e emitem alertas informando quais são os problemas que podem surgir para que o ativo deixe de entregar resultados.

4.1.7 ERP – Funcionalidades e Utilização

Seja o seu software um ERP ou um software dedicado de manutenção você precisa extrair valor deste software. Em geral, o aproveitamento deste recurso nas manutenções é muito ruim e não é utilizado de forma adequada para extrair valor deste ativo que pode ser utilizado de forma a aumentar a inteligência nas análises de manutenção de ativos.

Um dos problemas a ser combatido na utilização dos softwares de gestão de manutenção é, com certeza, a disciplina operacional. Todos os ERPs ou softwares dedicados têm todos os recursos mínimos necessários para que seja feita uma excelente gestão de ativos, porém, falta a disciplina e as regras estabelecidas de forma clara para que todos estes recursos sejam aproveitados em sua plenitude. Estabelecer a disciplina e as regras mínimas e básicas das melhores práticas de utilização dos recursos de gestão oferecidos pelo software deve ser o primeiro passo para que o sistema seja estabelecido com qualidade.

Os recursos de gestão de ativos devem ser utilizados para aumentar a performance de manutenção e, com isto, os resultados da organização. Para que a gestão de ativos possa ser bem-feita e de forma simples, precisamos minimamente dos seguintes dados destes ativos:

1. Quantidade de ativos existentes no site.
   a. Na maioria dos softwares este é um recurso básico que deve ser bem cuidado para garantir que a informação da base instalada está

atualizada e sempre disponível para que saibamos quantos ativos existem no site. Depende sempre de uma equipe dedicada para garantir que estes dados estejam sempre disponíveis de forma rápida e atualizada. Esta equipe, em geral, é conhecida como equipe de cadastro técnico de manutenção, mas depende muito do tamanho da empresa e do site.

2. Quantidade de ativos separados por áreas e/ou planta produtiva.
   b. O cadastro dos equipamentos deve ser feito de forma que permita a separação dos ativos por área e/ou por setor produtivo do site permitindo, desta forma, que possamos fazer análises de defeitos de equipamentos por setor produtivo e assim possamos tomar medidas de forma a evitar que esses defeitos se repitam.

3. Separação destes ativos por classe de ativos.
   c. Assim como precisamos das quantidades de ativos por área operacional, também precisamos saber quantos ativos existem por classe de equipamentos. Aqui temos necessidade de saber quantos motores, bombas, redutores, válvulas, inversores de frequência e outros tipos de ativos. Isto permite tomar decisões específicas baseadas nas quantidades de cada ativo e dos modos de falhas por classe de equipamentos e por setor produtivo onde estes equipamentos estão instalados.

4. Dados técnicos destes ativos.
   d. Os dados técnicos permitem que tenhamos em mãos todas as informações necessárias dos ativos. Estes dados são a ficha técnica de cada ativo e devem ser utilizados para a aquisição dos ativos novos, na revisão dos ativos e para que a empresa fornecedora do equipamento possa ser acionada no caso de defeito do ativo no prazo de garantia do equipamento. Os dados mínimos são o modelo, tipo, potência, rotação, classe de equipamento, número de série, fabricante, ano de fabricação, tamanho e tipo de carcaça, tempo de garantia do fabricante e outras informações que se façam necessárias.

5. Histórico de vida destes ativos.
   e. Estes dados são muito importantes para que se possa fazer a gestão de vida do ativo. Para que seja possível utilizar os conceitos LCC

(Custo de Ciclo de Vida) se faz necessário que todas as intervenções feitas no ativo estejam registradas através de ordens de serviço e/ ou notificações de manutenção, mas somente isto não basta para que as informações estejam acessíveis de forma fácil para serem utilizadas em uma análise específica. O sistema precisa ter o recurso de extrair estes dados de forma rápida e simples e nem todos os sistemas têm este recurso de forma nativa no sistema e muitas vezes é necessário que sejam feitas melhorias no sistema de gestão de ativos físicos para tornar esta operação fácil e simples. Nesta análise precisamos definir os defeitos ao longo do ciclo de vida e os custos de manutenção dos ativos, assim será possível realmente utilizar práticas de gestão de ciclo de vida.

6. Modos de falhas dos ativos ao longo da vida.
    f. Para uma boa gestão de defeitos em equipamentos é de importância ímpar sabermos quais são os modos de falha que cada classe de ativos apresenta ao longo da vida. Isto permite que sejam tomadas decisões específicas de confiabilidade para que sejam eliminados e/ ou tratados através de preventivas e/ou preditivas para que os defeitos não se apresentem.

7. Notas e ordens de manutenção dos ativos;
    g. Em muitos ERPs ou softwares dedicados de manutenção existem as notificações ou notas de manutenção que são utilizados pelo conceito de ERPs, em geral, para o registro de objetos técnicos, ou seja, é neste documento que são registrados os defeitos que se apresentam nos ativos e depois disto é criado um segundo documento que em geral recebem o nome de ordens de manutenção ou ordens de serviço que recebem as tratativas de custos e de planejamento do trabalho a ser executado para tratar do defeito.

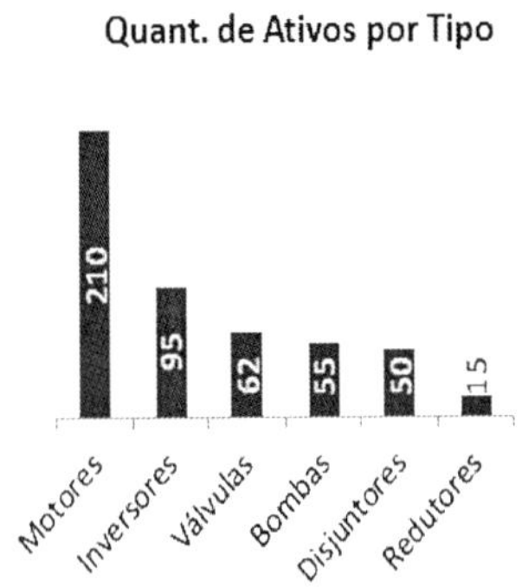

Figura 63 - Ativos por Tipo

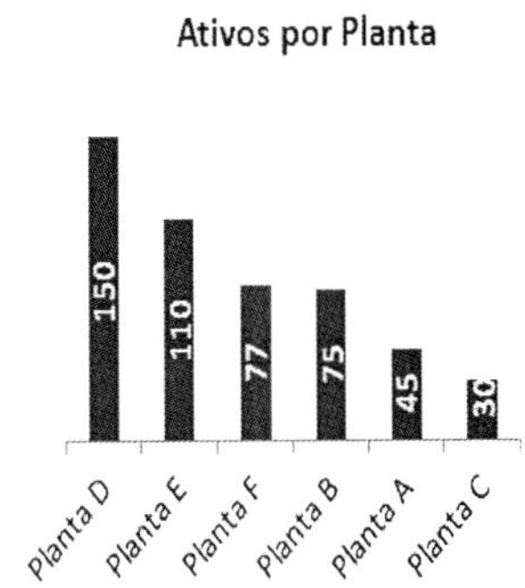

Figura 64 - Ativos por Planta

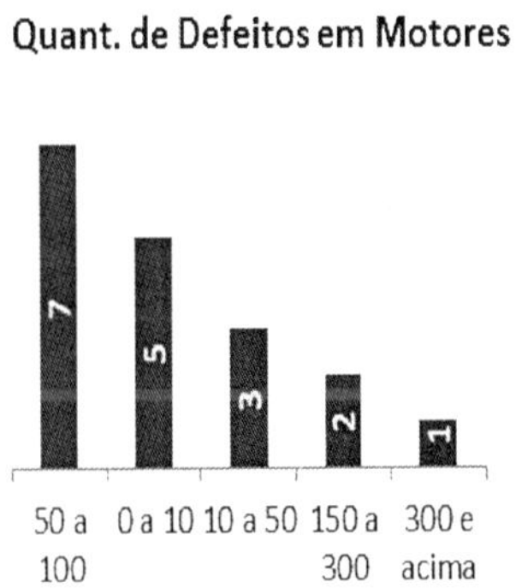

Figura 65 Defeitos em Motores

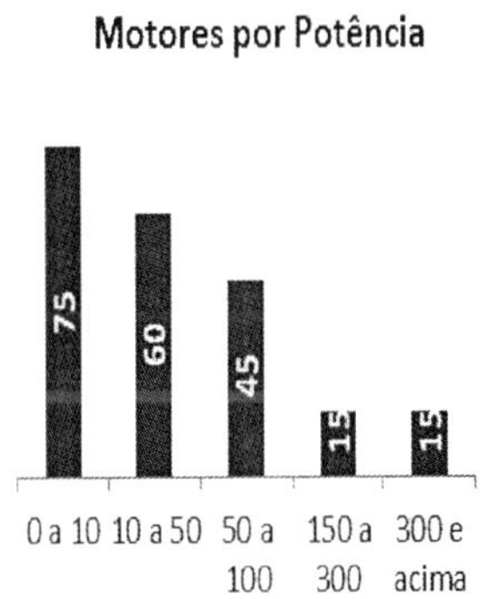

Figura 66 - Motores por Potência

Figura 67 - Custo por Ativos

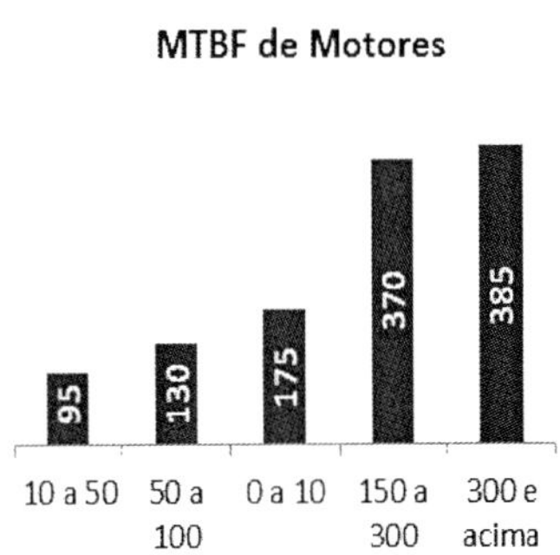

Figura 68 - MTBF de Motores

Através de dados com boa qualidade inseridos no ERP existe a possibilidade de se fazer excelentes análises de gestão de ativos possibilitando executar uma gestão focada em análises de modos de defeitos e trabalhos de confiabilidade específicos por planta e por tipo de equipamentos, isto permite a utilização de inteligência de manutenção na busca por resultados e na gestão de custos de ciclo de vida de ativos na organização. Todo este trabalho permite que façamos um trabalho de gestão de ativos físicos que com certeza estarão alinhados com as melhores práticas de gestão de ativos utilizados mundialmente, porém, tudo isto começa com a disciplina operacional na tratativa de dados na base das equipes de manutenção, ou seja, todos na organização devem ser conscientizados e engajados para que a organização tenha sucesso nas melhores práticas de gestão de ativos físicos. Este trabalho depende muito do gestor que está à frente das equipes de execução e de um trabalho de bastidores que deve ser o de gestão de qualidade das informações no sistema. É necessário que se faça a gestão da qualidade dos dados inseridos no sistema. Neste caso também vale a máxima de que quem não mede, não gerencia, ou seja, é necessário que se faça o trabalho de gestão da qualidade de dados inseridos no sistema e que se façam as análises críticas mensais de manutenção com o olhar específico para este tema; só assim será garantida a qualidade das informações.

Conclusão

Neste livro procurei trazer as melhores práticas de gestão de manutenção que conheço e utilizo como gestor de manutenção. Organizar uma área de manutenção de uma grande organização não é tarefa fácil e exige muita dedicação e trabalho. Uma coisa que faz muita diferença é termos pessoas capacitadas e engajadas nas mudanças que propomos na forma de fazer as coisas. É impressionante como as pessoas, de forma rápida, entram na zona de conforto e fazer mais do mesmo. Precisamos nos reinventar a todo momento para sermos melhores do que somos nas atividades de manutenção.

Uma coisa que tem feito muita diferença nos resultados da minha gestão de manutenção é declarar a todos onde queremos chegar. O que queremos ser no futuro enquanto gestores de manutenção. Tenho desafiado os gestores do meu time a buscar todos os dias algo diferente e melhor nas rotinas de manutenção de suas equipes e máquinas.

Considero que meu papel enquanto gestor de gestores é de remover as barreiras que possam surgir para que eles executem um bom trabalho e ao mesmo tempo procuro desafiá-los a serem melhores todos os dias. Às vezes me sinto um pouco frustrado com os resultados e tenho a impressão de que tudo que fazemos ainda não é suficiente e concluo que não é mesmo. Devemos fazer mais e melhor todos os dias e transformar os fracassos em vitórias e extrair aprendizados do que acontece de bom e ruim. O problema é que às vezes passo do ponto em falar muito do que não deu certo e frustro o time, em seguida faço o exame mental e procuro destacar o que foi bem feito. Exercício diário, já que tenho por característica achar oportunidades de melhoria todos os dias. Recomendo que você faça isto de vez em quando, pois ajuda muito a direcionar nossas energias.

Tenho por hábito fazer um resumo dos livros que leio, pois, um mapa mental me ajuda a relembrar os principais conceitos que aprendi, então segue o resumo:

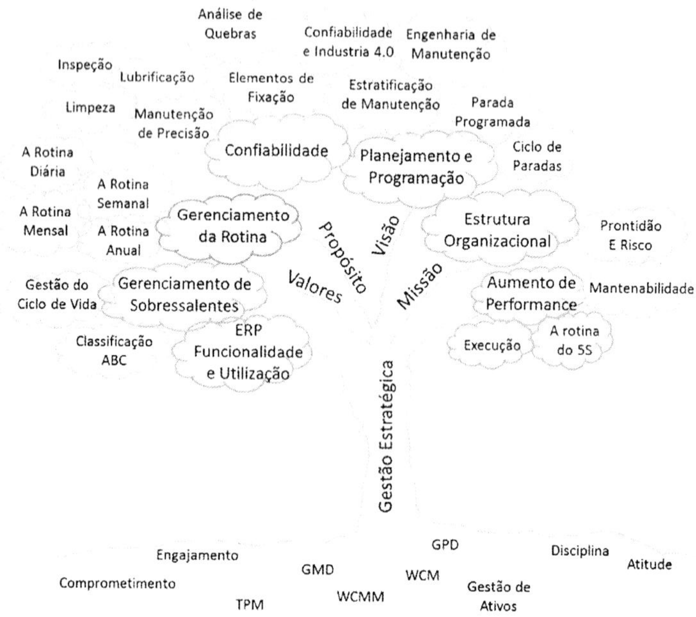

Figura 69 - O DNA da Manutenção

Este mapa mental em forma de árvore aborda as sete grandes áreas abordadas neste livro e todos os temas abordados em cada uma, sendo:

- Confiabilidade
- Planejamento e Programação
- Gerenciamento da Rotina
- Aumento de Performance
- Gerenciamento de Sobressalentes
- Estrutura Organizacional
- ERP – Funcionalidades e Utilização

O cerne desta árvore é a Gestão Estratégica. Os líderes da manutenção precisam sempre fazer a gestão com base em uma estratégia de busca incessante por entregar resultados para a organização. Buscar sempre atuar de forma a colocar os recursos disponíveis para entregar valor e buscar sempre ter em mente o plano de longo prazo do negócio manutenção. Um dos papéis dos líderes é garantir que, assim como na árvore, as interações entres às áreas, as pessoas e processos aconteçam da forma mais harmoniosa possível para que sejam extraídos o máximo de cada pessoa e departamento a fim de, com o menor esforço possível, atingir o máximo resultado.

Os galhos fortes que sustentam a árvore ao cerne são a Visão, Missão, Propósito e os Valores definidos e utilizados pelos líderes da manutenção. Isto deve permear todas as equipes que precisam trabalhar sempre com o foco nestas declarações e acreditar que todas as suas ações, a menor que seja, devem sempre ser executadas com esta crença, com visão no futuro e buscando sempre executar a missão com o propósito correto.

As raízes da manutenção devem estar no TPM, WCM, WCMM, GPD, GMD e Gestão de Ativos. Acredito muito nestes métodos e posso afirmar que a manutenção pode extrair muitos nutrientes destas metodologias e tornar-se muito mais saudável através destas raízes, que podem mudar a forma como abordamos o negócio "manutenção nas empresas".

Não há forma de qualquer organismo sobreviver se estiver plantado em um solo que não propicia os nutrientes adequados para o crescimento e geração de frutos. Então devemos garantir que a nossa árvore esteja plantada em um solo fértil. Considero que precisamos garantir que as pessoas da manutenção estejam engajadas, comprometidas e com a atitude e a disciplina certa para que possamos ter sucesso nesta jornada.

Bem, você viu neste livro que as rotinas básicas de manutenção têm importância fundamental no sucesso e entrega de resultados do negócio manutenção. Espero ter contribuído com a gestão de sua manutenção e que este livro possa ter lhe ajudado a pensar de uma forma diferente na abordagem aos principais assuntos relativos a este negócio tão complexo que é a manutenção.

Referências Bibliográficas

Campos, V. F. (2004). *Gerenciamento da Rotina do Trabalho do Dia-a Dia*. Nova Lima: INDG.

Campos, V. F. (2004). *Gerenciamento pelas Diretrizes*. Nova Lima: INDG.

Goldsmith, M. (2017). *O Efeito Gatilho*. São Paulo: Companhia Editora Nacional.

Hunter, J. C. (2004). *O Monge e o Executivo*. Rio de Janeiro: Sextante.

John P. Kotter, D. S. (2002). *O Coração da Mudança*. Rio de Janeiro: Campus.

Lafraia, J. R. (2016). Congresso ABRAMAN de Gestão de Ativos. Curitiba: ABRAMAN.

Lafraia, J. R., & John Hardwick. (2015). *Vivendo a gestão de ativos*. Rio de Janeiro, Rio de Janeiro, Brasil: Qualitymark.

Luzio, F. (2005). *Fazendo a Estratégia Acontecer*. São Paulo: Luzio.

Naisbitt, J. (2007). *O Líder do Futuro*. Rio de Janeiro: Sextante.

Palady, P. (2007). *FMEA - Análise dos modos de Falhas e Efeitos*. São Paulo: Instituto IMAM.

Piza, S. (2017). *O Enigma da Liderança*. São Paulo: Evora.

Ram Charam, S. D. (2013). *Pipeline da Liderança*. Rio de janeiro: Elsevier.

Viana, H. R. (2002). *PCM - Planejamento ed Controle da Manutenção*. Rio de Janeiro: Qualitymark.

Xenos, H. G. (2004). *Gerenciando a Manutenção Produtiva*. Nova Lima: INDG.

Impressão e acabamento
Gráfica da Editora Ciência Moderna Ltda.
Tel: (21) 2201-6662